高职高专实验实训规划教材

氧化铝生产仿真实训

徐　征　周怀敏　主编

北　京
冶金工业出版社
2024

内 容 提 要

本书介绍了氧化铝生产仿真实训系统的基本操作方法,以及拜耳法生产氧化铝的各个单元过程的原理和工艺流程,并为每个生产单元过程设计了正常工况巡检、冷态开车、正常停车、事故处置等典型仿真实训项目。

本书可供高等职业技术院校教学之用,亦可作为氧化铝生产企业技术工人的培训教材。

图书在版编目(CIP)数据

氧化铝生产仿真实训/徐征,周怀敏主编.—北京:冶金工业出版社,2010.5(2024.1 重印)

高职高专实验实训规划教材

ISBN 978-7-5024-5243-8

Ⅰ.①氧… Ⅱ.①徐… ②周… Ⅲ.①氧化铝—生产工艺—高等学校:技术学校—教材 Ⅳ.① TF821

中国版本图书馆 CIP 数据核字(2010)第 045250 号

氧化铝生产仿真实训

出版发行 冶金工业出版社	电　话　(010)64027926
地　址　北京市东城区嵩祝院北巷 39 号	邮　编　100009
网　址　www.mip1953.com	电子信箱　service@ mip1953.com

责任编辑　任咏玉　宋　良　美术编辑　彭子赫　版式设计　孙跃红
责任校对　卿文春　责任印制　禹　蕊
北京虎彩文化传播有限公司印刷
2010 年 5 月第 1 版,2024 年 1 月第 4 次印刷
787mm×1092mm　1/16;7.25 印张;188 千字;103 页
定价 20.00 元

投稿电话　(010)64027932　投稿信箱　tougao@cnmip.com.cn
营销中心电话　(010)64044283
冶金工业出版社天猫旗舰店　yjgycbs.tmall.com
(本书如有印装质量问题,本社营销中心负责退换)

序　言

　　昆明冶金高等专科学校冶金技术专业是国家示范性高职院校建设项目，中央财政重点建设专业。在示范建设工作中，我们围绕专业课程体系的建设目标，根据火法冶金、湿法冶金技术领域和各类冶炼工职业岗位(群)的任职要求，参照国家职业标准，对原有课程体系和教学内容进行了大力改革。以突出职业能力和工学结合特色为核心，与企业共同开发出了紧密结合生产实际的工学结合特色教材。我们希望这些教材的出版发行，对探索我国冶金高等职业教育改革的成功之路，对冶金高技能人才的培养，起到积极的推动作用。

　　高等职业教育的改革之路任重道远，我们希望能够得到读者的大力支持和帮助。请把您的宝贵意见及时反馈给我们，我们将不胜感激！

昆明冶金高等专科学校

前　言

　　随着冶金生产技术的飞速发展,生产装置大型化,生产过程连续化和自动化程度的不断提高,为保证生产安全稳定、长周期、满负荷、最优化地运行,冶金行业的职业教育和在职培训显得越来越重要。但由于冶金生产的特殊性,如工艺过程复杂、工艺条件要求严格,并常伴有高温、高压、易燃、易爆、有毒、腐蚀等危险有害因素,常规的职业教育和培训方法已不能满足要求。计算机仿真技术利用计算机模拟真实的操作控制环境,给职业教育提供丰富生动的多媒体教学手段,为受训人员提供安全、经济的离线培训条件。

　　昆明冶金高等专科学校与北京东方仿真软件技术有限公司合作开发的氧化铝生产工艺仿真实训系统,为职业院校进行教学和培训提供了新的平台和手段,同时也适用于氧化铝生产企业的员工培训和职业技能鉴定。我们以氧化铝生产工艺仿真实训系统为基础,设计、开发了相关仿真实训项目,本书是用于指导学员进行仿真实训的指导手册。

　　本书介绍了氧化铝生产工艺仿真实训系统的使用方法。简要介绍了拜耳法生产氧化铝的各个单元过程的原理和工艺流程。为每个生产单元过程设计了正常工况巡检、冷态开车、正常停车、事故处置等典型仿真实训项目。本书所设计的仿真实训项目结合了《国家职业标准——氧化铝制取工》中对各级职业资格的技能要求,体现了职业成长的规律,书中各单元的实训项目的难度逐级加大。如第2~5章的所有实训项目都有详细的操作步骤,而第6章、第7章加入了局域网模式,这样教师就可以在学员实训过程中随机下发事故给学员。第8章的实训项目则只给出操作提示,要求学员能够根据已经掌握的知识、技能来制定操作规程。同时,在局域网模式中,还加入了联合操作的概念,将学员的学习模式由个人竞争学习转变为协作学习,其目的是培养学员团队合作精神,使学员适应今后企业的团队工作模式。在使用本书时,也可以将各个实训项目的实训方法用到其他实训项目上去。

　　本书由徐征、周怀敏统稿并担任主编,第1、2、7、8章由昆明冶金高等专科学校徐征、云南文山铝业有限公司周怀敏编写,第3~6章由昆明冶金高等专科学校陈利生、刘洪萍、刘自力、黄卉编写。

　　本书在编写和校对过程中,得到北京东方仿真软件技术有限公司的全力支持,特别是尉明春经理,以及毛波、李洪胜、王玉洁等同志的帮助,在此表示感谢!此外东方仿真公司还在其技术支持网站(www. esst. net. cn)提供"氧化铝生产工艺仿真软件"的试用版本,如有需要试用氧化铝仿真软件请与东方仿真公司联系(010-64951832)。

　　由于氧化铝生产工艺仿真实训系统开发、应用的时间较短,加之编者水平有限,编写时间仓促,疏漏之处在所难免,恳请广大读者批评和指正。如有意见和建议,请发送邮件至:ynyejin@ 126. com。

编　者
2010 年 2 月

目　录

1 绪　　言

1.1　仿真实训系统在专业教学和培训中的应用

1.1.1　仿真实训的基本概念

仿真是对代替真实物体或系统的模型进行实验和研究的一门应用技术科学,按所用模型分为物理仿真和数字仿真两类。物理仿真是以真实物体或系统为基础,将其按一定比例或规律进行微缩或扩大后的物理模型为实验对象,如飞机研制过程中的风洞实验。数字仿真是以真实物体或系统规律为依据,建立数学模型后,在仿真机上进行的研究。数学模型能够数值化地描述真实物体或系统规律的相似实时动态特性。人工建立的数学计算方法,常用的有代数方程法、微分方程法或状态方程法等。仿真机是以现代高速电子计算机为主,辅以网络和多媒体等设备,由人工建造的模拟实际环境的硬件系统,它是数学模型软件实时运行的硬件和软件环境。与物理仿真相比,数字仿真具有更大的灵活性,能对截然不同的动态特性模型做实验研究,为真实物体或系统的分析和设计提供了十分有效而且经济的手段。

系统仿真是一门面向实际、具有很强应用特性的综合性应用技术科学,涉及领域十分广泛,包括了军事、航空航天、工业、医药、生物、社会经济、教育、娱乐等。

过程系统仿真是指过程系统的数字仿真,它要求描述过程系统动态特性的数学模型,能在仿真机上再现该过程系统的实时特性,以达到在该仿真系统上进行实验研究的目的。过程系统仿真由三个主要部分组成,即过程系统、数学模型和仿真机。这三部分由建模和仿真两个关系联系在一起,如图 1-1 所示。

图 1-1　过程系统仿真的三个组成部分和关系

工业过程系统是过程系统的重要成员之一,在国民经济中占有极其重要的地位,包括化学、冶金、发电、造纸、食品、制药等行业。各工业过程系统有许多共同点和规律,如冶金过程系统,虽然目前用于工业生产的有 64 种有色金属,加上铁、锰、铬三种黑色金属共 67 种,每种金属的冶炼方法均不相同,而且同一种金属有的还有多种生产流程。但从冶炼温度及物料干湿状态看,可归纳为火法(干法)及湿法两类过程。干燥、焙烧、煅烧、烧结、熔炼、吹炼、精炼、熔盐电解、收尘可视为火法过程。而湿法过程则包括搅拌及混合、浸出、沉淀、固液分离、溶液电解、蒸发及浓缩、精馏、萃取、离子交换、吸收及吸附、解吸等单元过程,是由一系列单元操作装置通过管道组合而成的复杂系统,如湿法过程设备,包括反应设备、固液分离设备、水溶液电解设备、萃取及离子交换设备、蒸发及浓缩设备、精馏设备等。这些单元操作装置及其所构成的冶金过程系统,又是由各种调节器、调节阀、检测仪、变送器、指示仪、记录仪或较先进的集散型计算机控制系统(DCS)所监测控制,所以仿真方法也十分相似。本书讲的仿真,主要是对集散控制系统冶金过程操作的仿真。所谓集散控制系统,是指利用计算机实现控制回路分散化、数据管理集中化的控制系统。

1.1.2 过程系统仿真技术的工业应用

过程系统仿真技术的工业应用大约始于 20 世纪 60 年代,并于 80 年代中期随着计算机技术的快速发展和广泛普及取得很大进展。过程系统仿真技术在工业领域中的应用已涉及辅助培训与教育、辅助设计、辅助生产和辅助研究等方面,其社会经济效益日趋显著。

过程仿真技术在操作技能训练方面的应用近十年来在全世界许多国家得到普及。大量统计结果表明,仿真培训可以使工人在数周之内取得在现场 2~5 年时间才能取得的经验。这种仿真培训系统能逼真地模拟设备开车、停车、正常运行和各种事故状态的现象。它没有危险性,能节省培训费用,大大缩短培训时间。美国称这种仿真培训系统是提高工人技术素质,确保其在世界上取得生产技术领先地位的"秘密武器"和"尖端武器",并且有许多企业已将仿真培训列为考核操作工人取得上岗资格的必要手段。

仿真技术在教学中的应用,尤其是在职业教育中的应用,更加显示出其优势。职业教育的目标是让学生既要学会专业理论知识,又要掌握专业应用技能。职业教学内容通常包括应知和应会两个方面,包括理论教学、实验教学和实习教学三个过程。

1.1.2.1 理论教学

理论教学的目标是让学生掌握专业基础理论和专业应用知识,主要是应知部分内容的教学。目前国内各职业学校主要采用课堂模式的群体教学方式,如引入仿真技术与计算机辅助教学 CAI 结合,既能弥补课堂教学中的不足,又能改变群体教学中无法适应学生个体差异的教学方式。CAI 软件对课堂教学中不易表现、描述、讲解的内容,起到补充的作用,其图文声像并茂的效果还可大大提高课堂教学质量,缩短教学时间;其交互式的使用方式,可以极大地吸引学生主动参与的兴趣,并给学生充分的动手机会。

CAI 软件有课件、教件和导件之分。

CAI 课件主要用于辅助课堂教学,可代替部分课堂教学内容或辅助学生理解在课堂教学和书本学习中不易掌握的抽象的或实物的内容,实际教学中可以让学生集体上机操作,也可以让学生自由上机学习。

CAI 教件主要用于辅助教师课堂教学,完成一堂课、一个章节乃至一门课程的教学。

CAI 导件是在 CAI 课件、教件的基础上,形成的通用的教材库,老师可以根据课程及学生接受程度自行组织教件。学生也可根据自己的兴趣和要求,自我设计课程内容并进行自学。导件可能是 CAI 的最佳形式,学校和教师及学生都会很好的接受,但这需要制作一个基础平台,以插入课件和教件。

1.1.2.2 实验教学

实验教学的目标是让学生通过实验来认证理论和进一步理解理论知识,同时使学生通过亲自动手来锻炼和提高专业应用技能。实验教学包括应知和应会两方面的教学内容,是这两方面教学内容很好的结合,在职业教育中是极为重要的。采用仿真技术开发出用于不同专业实验教学的实验仿真教学系统,具有明显的优势:

(1)可以开发出实际无法实现的某些实验的仿真教学系统,以满足教学需求。如:某些大型复杂仪器或设备系统,某些有危害或条件要求极高的实验(核反应、高电压类实验等)。

(2)开发投资小的实验仿真教学系统,既能很好地完成实验教学的要求,又能节省教学投资。

(3)开发实验消耗很大的实验的仿真教学系统,既达到了实验教学效果,又减少了教学中的消耗。

（4）实验仿真教学系统，除代替真实的实验操作外，还具有一些真实实验无法实现的功能和效果：

1）引入多媒体技术，可以形象、生动地展现实验的原理、流程、仪器设备的结构特点、使用方法等。

2）可以自动跟踪记录学生做实验的全过程，给出一个科学、严谨的实验课程的能力考核。

3）能极大地提高学生对实验课的兴趣和能动性，使实验教学效果更好。

4）可以实现每人完成一个独立的实验全过程，并且效率非常高。

5）可以开发出一个实验课程设计平台软件，让教师或学生自己设计一套实验，再用于教学，实现针对性强、灵活性高的实验教学环境。

1.1.2.3 实习教学

目的是让学生通过接触客观实际，来了解和认识所学的专业知识，更重要的是让学生了解和掌握专业知识在客观实际中的应用方法和应用技能，将所学专业与实践相结合。实习教学侧重的是应会内容的教学，往往要求学生走出校门，到实际现场去学习。工业过程领域的实习教学存在越来越严重的问题：

（1）实际工业现场都是大型连续性生产装置，要求生产连续稳定，这样学生的实习教学只能看不能动手，无法达到实习教学效果。

（2）目前大型生产装置系统化、自动化程度越来越高，学生只能看到表面和概貌，无法深入和具体了解。

（3）冶金生产过程具有连续性的特点，而学生在学校的学习过程具有阶段性的特点，所以学生的实习教学难以与生产实际过程相吻合。

（4）冶金生产通常伴有高温、高压、易燃、易爆、有毒、腐蚀等危险有害因素，学生在企业现场实习存在很大的安全隐患。

采用仿真技术开发出一套与现场生产装置逼真的实习仿真教学系统，让学生不出校门就能了解实际生产装置，并能亲自动手进行反复操作，使学生既能对生产实际有一个很好的认识(不能完全代替生产现场)，又能亲自动手来锻炼提高专业应用技能，将所学专业知识与实际生产紧密地结合在一起。同时，采用仿真技术可以开发出不同工艺类型和不同生产单元的仿真教学系统，以满足不同专业或同一专业不同侧重面的实习教学需求，并能由教师组织仿真教学的具体内容，使学生更全面、具体和深入地了解不同的生产单元，具有针对性和侧重性地组织实习教学。本书的内容就是将仿真技术应用于实习教学中的典型实例。

仿真技术是一门与计算机技术密切相关的综合性很强的高科技学科，是一门面向实际应用的技术。随着计算机及网络技术、多媒体技术等的发展，仿真技术也正在高速发展，相信在不久的将来，仿真技术的应用在社会的许多方面将起到积极作用，推动社会的发展。

1.2 氧化铝生产工艺仿真实训系统的组成

1.2.1 氧化铝生产工艺仿真实训系统简介

1.2.1.1 仿真实训系统的建立

仿真实训系统的建立必须以实际生产过程为基础。首先，要通过建立生产装置中各种过程单元的动态特征模型及各种设备的特征模型模拟生产的动态过程特性。其次，要创造一个与真实装置非常相似的操作环境，各种画面的布置、颜色、数值信息动态显示、状态信息动态指示、操作方式等方面要与真实装置的操作环境相同，使学员有一种身临其境的真实感。

A　实际生产过程

如图1-2所示,实际生产过程包括四个主要因素:控制室、生产现场、操作人员、干扰和事故。

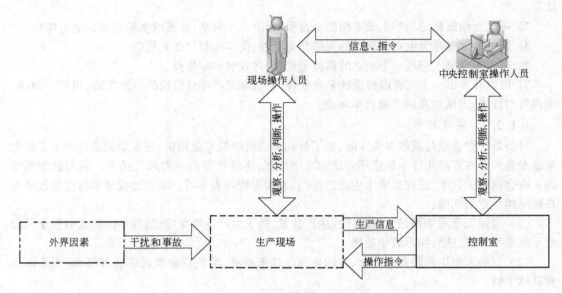

图1-2　实际生产过程示意简图

控制室和生产现场是生产的硬件环境,在生产装置建成后,工艺或设备基本上是不变的。操作人员分为中央控制室操作人员和现场操作人员。中控室操作人员在控制室内通过DCS对装置进行操作和过程控制,是生产的主要操作人员。通常,现场操作人员在生产现场进行诸如生产准备性操作、非连续性操作、一些机泵的就地操作和现场巡检。操作人员是生产的关键因素,其操作技能的高低直接影响产品的质量和生产的效率。

干扰是指生产环境、公用工程等外界因素的变化对生产过程的影响,如环境温度的变化等。事故是指生产装置的意外故障或因操作人员的误操作所造成的生产工艺指标超标的事件,本书所介绍的事故主要指生产装置(如设备、仪表等)的意外故障。干扰和事故是生产中的不定因素,对生产有很大的负面影响。操作人员对干扰和事故的应变能力和处理能力是影响生产的重要因素。

整个生产过程可以简述为:操作人员根据自己的工艺理论知识和装置的操作规程在控制室和装置现场进行操作,操作信息送到生产现场,在生产装置内完成生产过程中的物理变化和化学变化,同时一些主要的生产工艺指标(生产信息)经测量单元、变送器等反馈到控制室。中控室操作人员观察、分析反馈回来的生产信息,判断装置的生产状况,进行下一步的操作,使控制室和生产现场形成了一个闭合回路,逐渐使装置达到满负荷平稳生产状态。

B　仿真培训过程

图1-3所示为根据实际生产过程设计的仿真培训过程。学员在"仿控制室"(包括图形化现场操作界面)进行操作,操作信息经网络送到工艺仿真软件。生产装置工艺仿真软件完成实际生产过程中的物理变化和化学变化的模拟运算,一些主要的工艺指标(仿生产信息)经网络系统反馈到仿控制室。学员观察、分析反馈回来的仿生产信息,判断系统运行状况,进行进一步的操作。在仿控制室和工艺仿真软件间形成了一个闭合回路,逐渐操作、调整到满负荷平稳运行状态。

仿真培训过程中的干扰和事故由培训教师通过工艺仿真软件上的人机界面进行设置。

C　实际生产过程与仿真过程的比较

仿真培训系统中,以工艺仿真软件通过数学模型计算出仿生产信息,即用数学模型来模拟实际生产的动态过程特性。

"仿控制室"是一个广义地扩大了的控制室,它不仅包括实际 DCS 中的操作画面和控制功能,同时还包括现场操作画面。仿真培训系统中无法创造出一个真实的生产装置现场,因此现场就地操作也只能放到仿控制室中。仿真培训系统中的现场操作通常采用图形化流程图画面。由于现场操作一般为生产准备性操作、间歇性操作、动力设备的就地操作等非连续控制过程,通常并不是主要培训内容。因此,把现场操作放到仿控制室并不会影响培训效果。干扰和事故在实际生产过程中是由于风吹日晒、摩擦腐蚀等综合作用引起的偶发事件,仿真培训系统中的软件运行不会受这些因素的影响。因此,仿真培训系统中由培训教师通过软件的人机界面设置来实现干扰和事故处理操作的培训。

1.2.2　氧化铝生产工艺仿真实训系统的组成

氧化铝生产工艺仿真实训系统以拜耳法氧化铝生产工艺为原型,以氧化铝生产的开车、停车及事故处理为主体内容,由原矿浆制备、管道

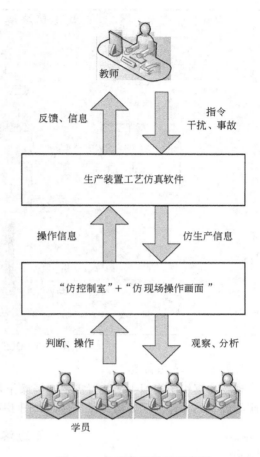

图 1-3　仿真培训过程示意图

溶出、赤泥洗涤、晶种分解、多效蒸发、苏打苛化和氢氧化铝煅烧七个单元操作组成。每个单元均由 DCS 仿真、现场仿真、操作质量评价系统和知识点四个模块组成(如图 1-4 所示),是一套集成工艺仿真、多媒体素材、网络教学于一体的理-实一体化的多媒体教学系统。

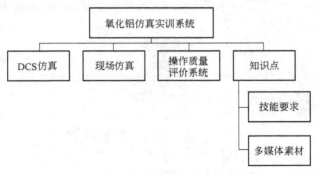

图 1-4　氧化铝仿真实训系统模块组成

1.2.2.1　DCS 仿真系统

仿 DCS 控制系统,完全是模拟中控室真实 DCS 操作界面;DCS 控制系统运行后界面如图 1-5 所示。

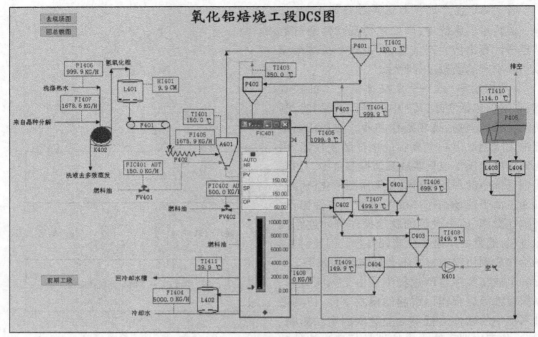

图 1-5 DCS 仿真操作界面

1.2.2.2 现场仿真

现场仿真用于模拟生产装置需要现场操作人员手动开启、关闭、调节的设备的操作,如泵、截止阀等设备的操作。现场仿真操作界面如图 1-6 所示。

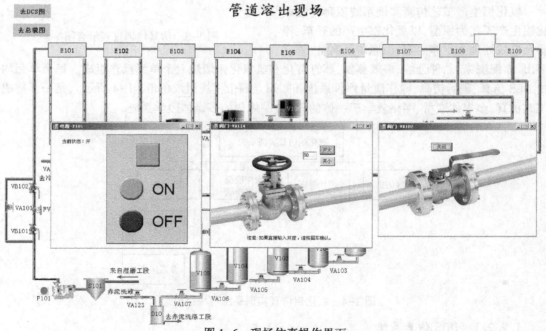

图 1-6 现场仿真操作界面

1.2.2.3　操作指导及评价系统

操作评分系统通过对用户的操作过程进行跟踪,实时对操作过程进行检查,并根据用户操作结果对其进行诊断;实时对操作过程进行评定,对每一步进行评分,并给出整个操作过程的综合得分,还可根据需要生成评分文件,以备存档。

评分系统运行后界面如图1-7所示。

图1-7　操作质量评分系统界面

1.2.2.4　知识点

知识点模块用于对学员进行理论知识的培训,主要包括多媒体素材和单元操作的技能要求两部分知识。

A　多媒体素材

多媒体素体以动画、课件等多种展现形式,介绍氧化铝生产过程中的各种设备的内部结构和工作原理,使学员能够形象、直观地学习氧化铝生产的基本原理、工艺过程、技术经济指标、设备结构、工作原理、操作要求等知识。图1-8所示为管道溶出的 Flash 动画演示设备结构图。

B　单元操作的技能要求

培训系统根据《国家职业标准—氧化铝制取工》中对各级职业资格的技能要求,整理出相应单元的操作能力要求,并作为学员在进行仿真实训时必须学习的内容加入到氧化铝仿真实训系统中,使仿真实训系统能够充分满足职业技能培训、鉴定的要求。图1-9所示为管道溶出的操作技能要求知识点。

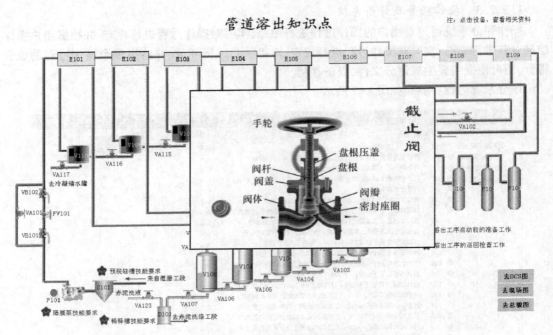

图 1-8　Flash 动画演示设备结构

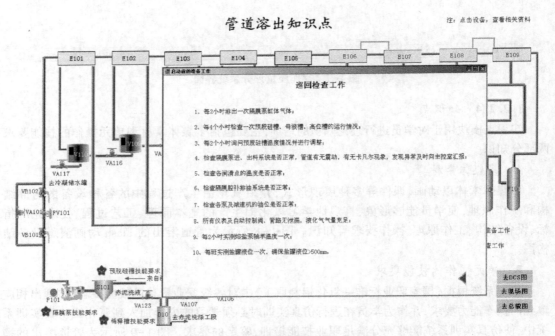

图 1-9　单元操作技能要求知识点

1.3 氧化铝生产工艺仿真实训系统的使用

1.3.1 程序启动

双击桌面的"氧化铝生产工艺仿真系统"图标,运行氧化铝生产工艺仿真系统,弹出运行界面(如图1-10所示)。

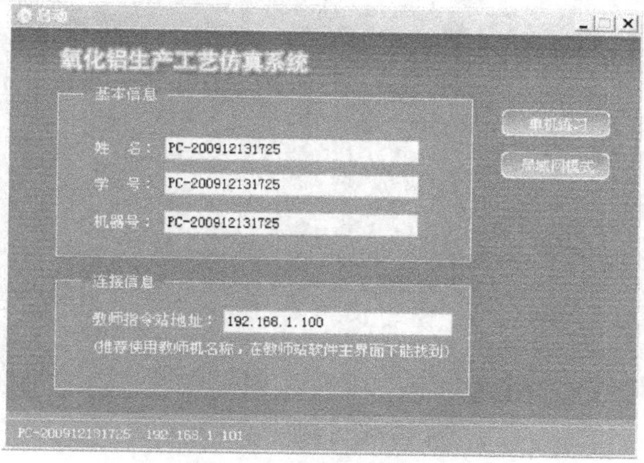

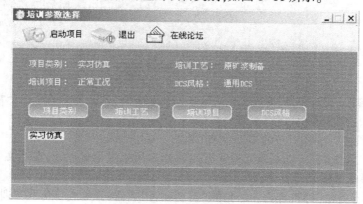

图1-10 系统启动界面

学员应正确填写其中的"姓名"、"学号"和"教师指令站地址",教师指令站地址请咨询指导教师。若地址信息填写错误,则仿真实训软件不能正常运行。

1.3.1.1 运行方式选择

运行方式包括单机练习和局域网模式。

单机练习方式,是在没有连接教师站的情况下运行软件;局域网模式则是在连接教师机的情况下进行培训、在线考核的网络运行方式,一般用于对学生学习成绩的考核,可将学生成绩提交到教师站,由教师站对学生成绩统一评定和管理。

1.3.1.2 培训参数选择

选择单机练习方式,或者在局域网模式中时,教师设置培训权限为"自由培训授权"时,学员将打开培训参数选择窗口,在该窗口中,学员可根据教师指令选择项目类别、培训工艺、培训项目、DCS风格。点击"项目类别":选择对应的项目类别,如图1-11所示。

图1-11 项目类别选择

点击"培训工艺":选择对应的培训工艺,如图 1-12 所示。

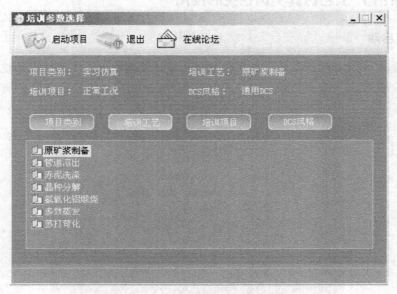

图 1-12 培训工艺选择

点击"培训项目":可选择每个培训工艺所对应的培训项目,如图 1-13 所示。

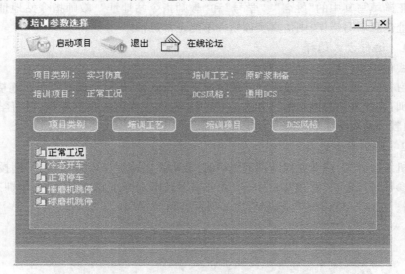

图 1-13 培训项目选择

通常,每个培训工艺都对应有"正常工况"、"冷态开车"、"正常停车"三个常规实训项目及二三个典型生产故障实训项目。

点击"DCS 风格":选择对应的 DCS 风格,如图 1-14 所示。

氧化铝生产工艺仿真实训系统共设置有四种 DCS 风格供学员训练,在下文中将详细介绍每种 DCS 风格的操作方法。

培训参数选择完毕,即可点击左上角的"启动项目"按钮,开始进行仿真实训。

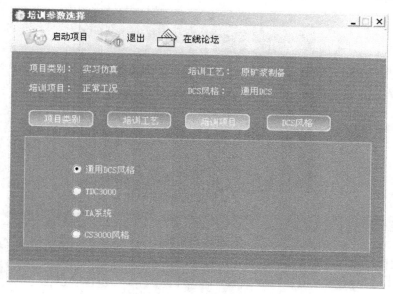

图 1-14　DCS 风格选择

1.3.1.3　局域网模式

选择局域网模式后将打开培训考核大厅,如图 1-15 所示,在培训考核大厅中选择一个培训室,点击连接进入,如图 1-16 所示。再次确认登录信息,点击确定进入局域网培训模式,在此模式下可进行自由培训、开卷考核、闭卷考核、联合操作四种不同形式的仿真实训,各种形式的操作详见第 2~8 章的具体实训项目。

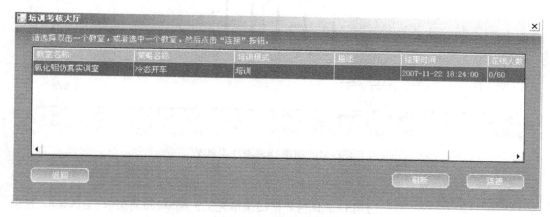

图 1-15　培训考核大厅

1.3.2　程序界面及主要操作

氧化铝生产工艺仿真实训系统运行环境包括 4 种 DCS 风格,不同的 DCS 风格,其程序主界面不尽相同。下面分别介绍 4 种风格下的程序界面和主要操作。

1.3.2.1　通用 DCS 风格

通用 DCS 风格是一个标准的 windows 窗体,上面有菜单,中间是主要操作区域,下面有一排功能钮,点击可以弹出相应的画面,最下面的状态栏显示程序当前的状态(如图 1-17 所示)。

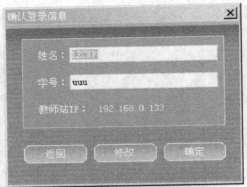

图 1-16　学员登录信息确认窗口

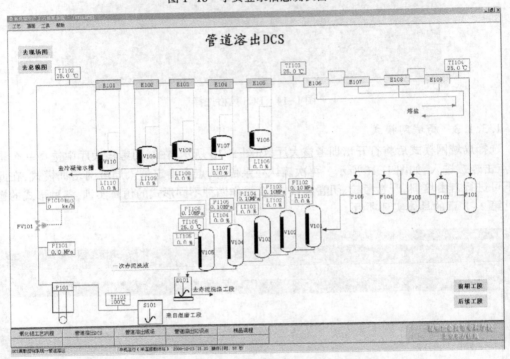

图 1-17　通用 DCS 程序主界面

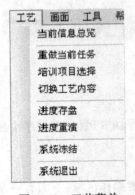

图 1-18　工艺菜单

A　菜单介绍

通用 DCS 风格界面的菜单有工艺菜单、画面菜单、工具菜单、帮助菜单,下面分别介绍。

a　工艺菜单

通用 DCS 的工艺菜单包括当前信息总览、重做当前任务、培训项目选择、切换工艺内容、进度存盘、进度重演、系统冻结、系统退出(见图 1-18)。

当前信息总览:显示当前信息(如图 1-19 所示)。

重做当前任务:重新启动当前项目。

培训项目选择:可重新选择培训项目,所有的相关信息都将被重新设置。

切换工艺内容:重新选择运行的工艺。

进度存盘:保存当前进度,以便下次调用可直接从当前进度运行(如图1-20所示)。

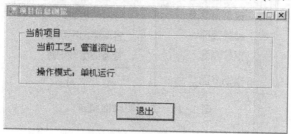

图1-19　项目信息总览

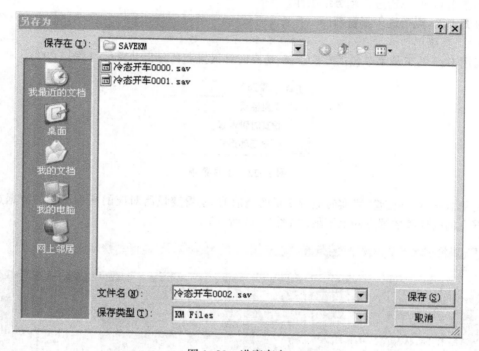

图1-20　进度存盘

进度重演:读取所保存的快门文件(*.sav),可直接从所保存的进度开始运行程序。

系统冻结:工艺仿真模型处于冻结状态时,不进行工艺模型的计算;相应地,仿DCS软件也处于冻结状态,不接受任何工艺操作(即任何工艺操作视为无效)。而其他操作,如画面切换等,不受程序冻结的影响。程序冻结相当于暂停,所不同的是,它只是不允许进行工艺操作,而其他操作并不受影响。这一功能在教师统一讲解时非常有用,既不会因停止工艺操作而使工艺指标失控,又不影响翻看其他画面。

系统退出:退出程序。

b　画面菜单

通用DCS风格的画面菜单包括流程图画面、控制组画面、趋势画面、报警画面4类画面。其中每一类画面后面的子菜单包括该类画面的所有画面。

流程图画面:如图1-21所示,点击其中的一项即可进入相应的流程图画面。

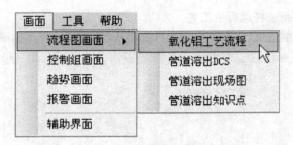

图 1-21　流程图画面菜单

控制组画面:点击进入控制组画面。
趋势组画面:点击进入趋势组画面。
报警画面:点击进入报警画面。
c　工具菜单
通用 DCS 的工具菜单包括变量监视、仿真时钟设置和评分自动提示(见图 1-22)。

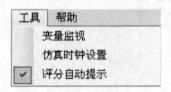

图 1-22　工具菜单

变量监视:监视变量,可实时监视变量的当前值,察看变量所对应的流程图中的数据点以及对数据点的描述和数据点的上下限(如图 1-23 所示)。

	ID	点名	描述	当前点值	当前变量值	点值上限	点值下限
▶	1	FI101	赤泥浆流量	9360.591797	9432.304688	40000.000000	0.000000
	2	PI101		6.667240	6.746572	20.000000	0.000000
	3	PI102		0.100000	0.100000	100.000000	0.000000
	4	PI103		0.100000	0.100000	100.000000	0.000000
	5	PI104		0.100000	0.100000	100.000000	0.000000
	6	PI105		0.100000	0.100000	100.000000	0.000000
	7	PI106		0.100000	0.100000	100.000000	0.000000
	8	PI107		0.000000	0.000000	100.000000	0.000000
	9	PI108		0.000000	0.000000	100.000000	0.000000
	10	PI109		0.000000	0.000000	100.000000	0.000000
	11	PI110		0.000000	0.000000	100.000000	0.000000
	12	TI101		0.000000	0.000000	100.000000	0.000000
	13	TI102		81.224190	82.162979	100.000000	0.000000
	14	TI103		26.602228	26.900068	500.000000	0.000000
	15	TI104		25.008615	25.011324	500.000000	0.000000

图 1-23　变量监视窗口

变量监视中有文件菜单和查询菜单(见图 1-24)。

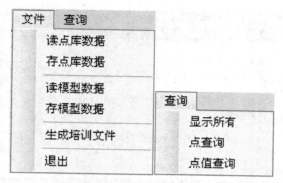

图 1-24 文件菜单及查询菜单

文件菜单中包括读点数据库、存点数据库、读模型数据、存模型数据、生成培训文件(图 1-25)。

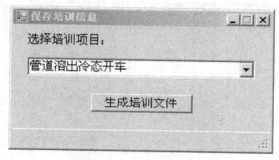

图 1-25 保存培训信息

查询菜单(图 1-24)中有几种查询方法,下面将作详细介绍:
(1)显示所有:显示所有变量(图 1-23)。
(2)点查询:根据点名来查询所要查找的变量及其相关内容(图 1-26)。

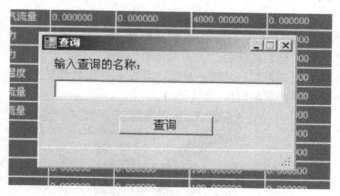

图 1-26 点查询菜单

(3)点值查询:输入点值表达式来计算点值来查找变量及其相关内容(图 1-27)。
仿真时钟系统:即时标设置,设置仿真程序运行的时标。选择该项会弹出时标设置对话框(图 1-28)。时标以百分制表示,默认为 100%,选择不同的时标可加快或减慢系统运行的速度。系统运行的速度与时标成正比。

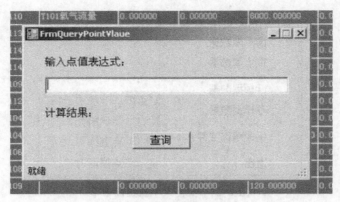

图 1-27   点值查询菜单

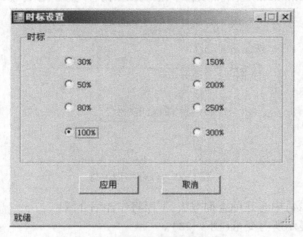

图 1-28   时标设置窗口

d   帮助菜单

通用 DCS 的帮助菜单主要包括帮助主题、产品反馈、关于(见图 1-29):

(1) 帮助主题:可以查看相关帮助。

(2) 产品反馈:用户可以把对产品的一些意见发 E-mail 给软件开发商。

(3) 关于:显示该软件的版本信息(图 1-30)。

图 1-29   帮助菜单

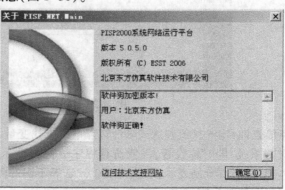

图 1-30   "关于"窗口

B　流程画面及主要操作

在氧化铝仿真实训系统中,流程画面(图1-31)是主要的操作界面,包括流程图、可操作区域和显示区域。可操作的区域又称为触屏,当鼠标光标移到上面时会变成一个手的形状,表示可以操作。

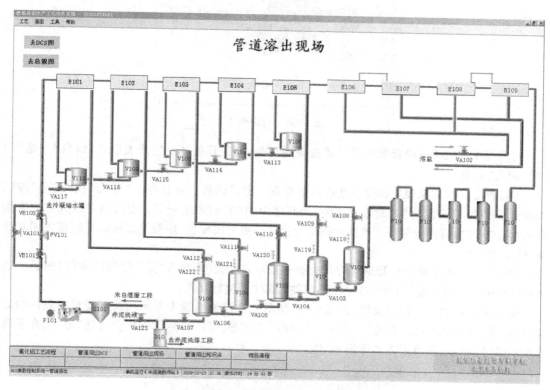

图1-31　通用 DCS 风格

通用 DCS 风格的触屏操作包括:弹出不同的对话框、显示控制面板、切换到另一幅画面。现场图中出现的对话框一般包括三种(图1-32~图1-34),对话框的标题为所操作区域的工位号及描述。

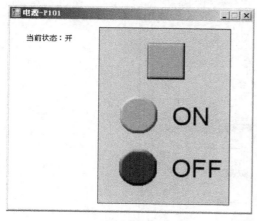

图1-32　对话框1

图1-33　对话框2

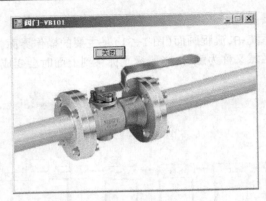

图 1-34 对话框 3

对话框 1 一般用来设置泵的开关或设备的开关、按钮开关等一些开关形式(即只有"是"与"否"两值)的量。

对话框 2 一般用来设置阀门开度或其他非开关形式的量。通过点击"开大"或"关小"按钮来调节开度值,当开度为"0"时表示关闭,当开度为"100"时表示全开。也可以在输入框中直接输入 0~100 的数值进行调节。然后按回车键确认即可完成设置,如果没有按回车键就关闭对话框,设置将无效。

对话框 3 一般用来设置管道阀门开关等一些开关形式(即只有"是"与"否"两值)的量。点击对话框中的按钮会在"打开"与"关闭"两种状态之间进行切换。

在 DCS 图中会出现控制面板(如图 1-35 所示),在控制面板中显示所控制变量参数的测量值、给定值、当前输出值、"手动"/"自动"/"串级"方式等,可以切换"手动"、"自动"方式,在手动方式下设定 OP 值,在自动方式下设 SP 值。

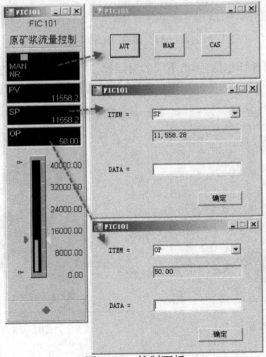

图 1-35 控制面板

在通用 DCS 系统中还有两排功能按钮,点击功能按钮可进入相关画面(如图 1-36 所示)。

氧化铝工艺流程	管道溶出DCS	管道溶出现场	管道溶出知识点	精品课程

图 1-36　功能按钮

1.3.2.2　TDC3000 风格

TDC3000 风格是一个标准的 Windows 窗体,上面有菜单,中间是主要显示区域,下面是主要操作区(如图 1-37 所示)。

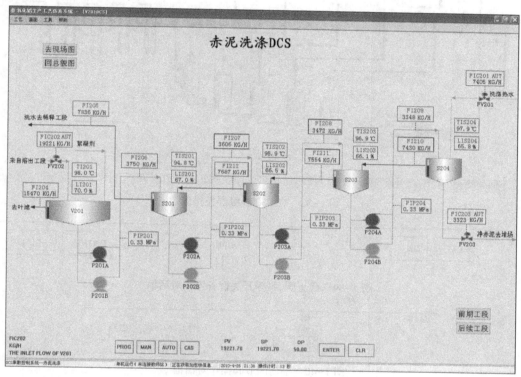

图 1-37　TDC3000 程序主界面

A　菜单介绍

TDC3000 风格界面的菜单有工艺菜单、画面菜单、工具菜单、帮助菜单,各菜单选项及功能与通用 DCS 风格界面菜单是一致的,在此不再赘述。

B　流程画面及主要操作

在氧化铝仿真实训系统中,流程画面(图 1-38)是主要的操作界面,包括流程图、可操作区域和显示区域。可操作的区域又称为触屏,当鼠标光标移到上面时会变成一个手的形状,表示可以操作。

TDC3000 风格的触屏操作均在流程画面的下部区域进行。现场图中出现的对话框一般包括两种(图 1-39 和图 1-40),对话框的标题为所操作区域的工位号及描述。

设置泵的开关或设备的开关、按钮开关等一些开关形式(即只有"是"与"否"两值)的量时,首先点击位置 1,就会在位置 2 处出现"开、关"状态选择按钮,选择相应的按钮后,在位置 3 点击"ENTER"确定。

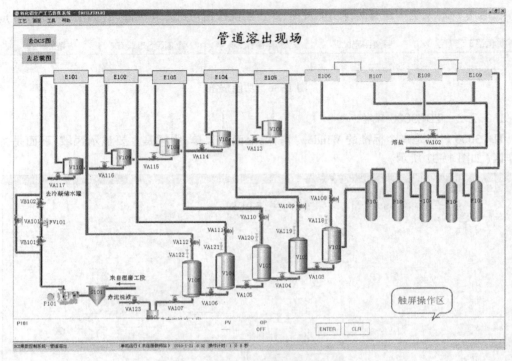

图 1-38　TDC3000 触屏操作区

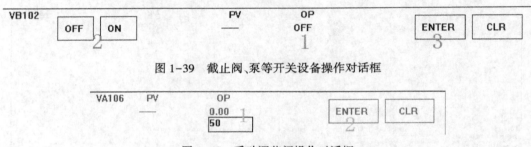

图 1-39　截止阀、泵等开关设备操作对话框

图 1-40　手动调节阀操作对话框

设置阀门开度或其他非开关形式的量。在位置 1 点击鼠标,就会出现文本框,在文本框内输入想要设置的 OP 值(0~100),然后按回车键或在位置 2 点击"ENTER"确定即可完成设置。

在 DCS 图中会出现控制面板(图 1-41)在控制面板中显示所控制变量参数的测量值、给定值、当前输出值、"手动"/"自动"/"串级"方式等,可以切换"手动"、"自动"方式,在手动方式下设定 OP 值,在自动方式下设 SP 值。

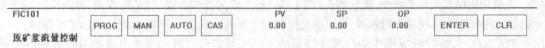

图 1-41　DCS 控制面板

1.3.2.3　IA 系统

IA 风格界面是一个标准的 Windows 窗体。上面有菜单,中间是主要操作区域,左面有功能按钮,点击可以弹出相应的画面,最下面的状态栏显示程序当前的状态(图 1-42)。

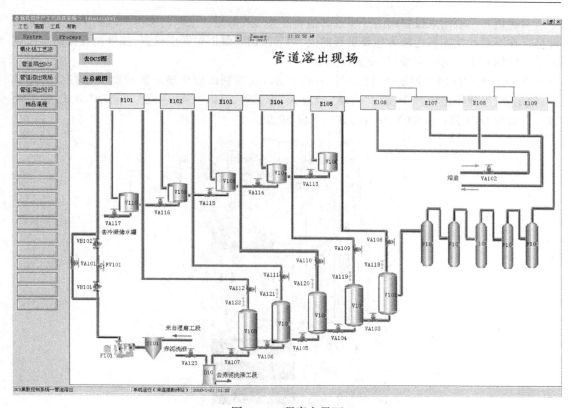

图 1-42 程序主界面

A 菜单介绍

IA 风格界面的菜单有工艺菜单、画面菜单、工具菜单、帮助菜单,各菜单选项及功能与通用 DCS 风格界面菜单是一致的,在此不再赘述。

B 流程画面及主要操作

在氧化铝仿真实训系统中,流程画面(图 1-42)是主要的操作界面,包括流程图、可操作区域和显示区域。可操作的区域又称为触屏,当鼠标光标移到上面时会变成一个手的形状,表示可以操作。

IA 风格的触屏操作包括:弹出不同的对话框、显示控制面板、切换到另一幅画面。现场图中出现的对话框一般包括两种(图 1-43 和图 1-44),对话框的标题为所操作区域的工位号及描述。

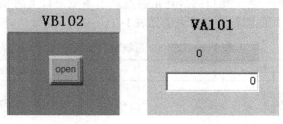

图 1-43 对话框 1　　　　图 1-44 对话框 2

对话框 1 一般用来设置泵的开关或管道阀门的开关、按钮开关等一些开关形式(即只有"是"与"否"两值)的量。

对话框 2 一般用来设置阀门开度或其他非开关形式的量。上面的文本框内显示该变量的当前值。在下面的文本框内输入想要设置的值,然后按回车键即可完成设置,如果没有按回车而点击了对话框右上角的关闭按钮,设置将无效。

在 DCS 图中会出现控制面板(如图 1-45 所示)在控制面板中显示所控制变量参数的测量值、给定值、当前输出值、"手动"/"自动"/"串级"方式等,可以切换"手动"、"自动"方式,在手动方式下设定 OUT 值(0~100),在自动方式下设 SP 值。

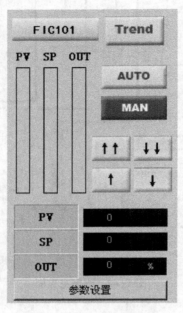

图 1-45　控制面板

1.3.2.4　CS3000 风格

运行 CS3000,在屏幕的上方出现如图 1-46 所示系统窗口,此窗口为 CS3000 的常驻窗口,只有当 CS3000 退出后,此窗口才消失。屏幕上所有其他应用程序不可占用此位置。

图 1-46　系统窗口

CS3000 为多窗口操作,各个窗口的打开是通过点击系统窗口上的相应图标来实现的,在氧化铝仿真实训系统中可用的图标及窗口说明见表 1-1。

表 1-1　CS3000 系统窗口按钮说明

图　　标	功　能　说　明
	系统窗口
	移动窗口

续表1-1

图　标	功能说明
▦	显示工具栏窗口
✥	显示浏览窗口
NAME	显示输入窗口
COPY	版权窗口
🖥	系统菜单

A　菜单介绍

CS3000风格界面的菜单有工艺菜单、画面菜单、工具菜单、帮助菜单,各菜单选项及功能与通用DCS风格界面菜单是一致的,但菜单的调用是通过点击系统窗口最右边的🖥图标来实现的(如图1-47所示)。

图1-47　CS3000风格调用菜单方法

B　流程画面及主要操作

在氧化铝仿真实训系统中,流程画面(图1-42)是主要的操作界面,包括流程图、可操作区域和显示区域。可操作的区域又称为触屏,当鼠标光标移到上面时会变成一个手的形状,表示可以操作。

流程画面的调用方法见图1-48,首先在系统窗口点击✥图标,就可以打开浏览窗口,在浏览窗口中找到流程图画面名双击即可打开相应画面。

CS3000风格的触屏操作包括:弹出不同的对话框、显示控制面板、切换到另一幅画面。现场图中出现的对话框一般包括下面两种(如图1-49、图1-50所示),对话框的标题为所操作区域的工位号及描述。

对话框1一般用来设置阀门开度或其他非开关形式的量。点击阀门后,打开图中左边的窗口,在MV值窗口中点击鼠标,可打开阀门开度设置窗口,在DATA文本框中输入新的开度值(0~100),点击"确定"按钮即可。

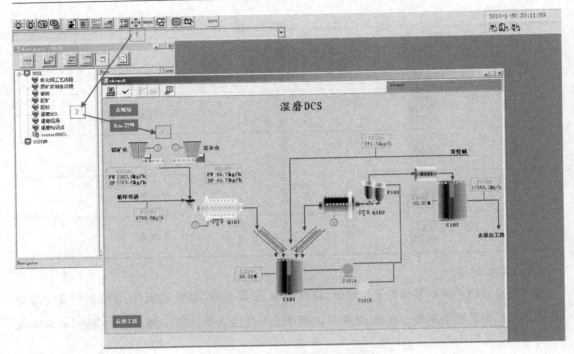

图 1-48　流程画面调用方法

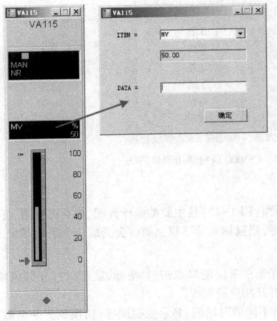

图 1-49　对话框 1

图 1-50　对话框 2

　　对话框 2 一般用来设置泵的开关或设备的开关、按钮开关等一些开关形式(即只有"是"与"否"两值)的量。点击泵等设备后,在打开的窗口中"ON"和"OFF"两个区域中点击可切换设备的开关状态。

　　在 DCS 图中会出现控制面板(如图 1-51 所示)在控制面板中显示所控制变量参数的测量

值、给定值、当前输出值、"手动"/"自动"/"串级"方式等,可以切换"手动"、"自动"方式,在手动方式下设定 MV 值(0~100),在自动方式下设 SV 值。

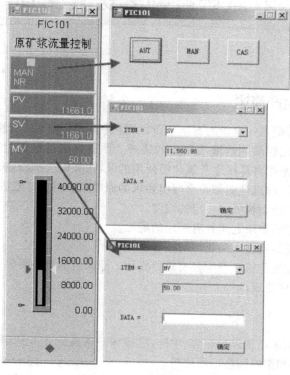

图 1-51　DCS 控制面板

1.3.3　退出

1.3.3.1　退出实训项目

要退出当前实训项目,可在工艺菜单下选择"培训项目选择"或者"切换工艺内容",系统将提示"DCS 系统将关闭",点击"是"确认,即可关闭当前实训项目,回到培训参数选择窗口。

1.3.3.2　退出实训系统

退出系统可以在培训参数选择界面中点击"退出"和在工艺菜单下选择"系统退出"。

2 原矿浆制备仿真实训

2.1 原矿浆制备生产简述

原矿浆是将铝矿石配入一定量的石灰和苛性碱液(循环母液+补充氢氧化钠),通过湿磨制成的,是为进行高压溶出铝酸钠溶液而制备的浆液。原矿浆制备是氧化铝生产的第一道工序。所谓的原矿浆制备,就是把拜耳法生产氧化铝所用的原料,如铝土矿、石灰、循环母液等按照一定的比例配制出化学成分、物理性能都符合溶出要求的原矿浆。对原矿浆制备的要求是:

(1) 参与化学反应的物料要有一定的细度。

(2) 参与化学反应的物质之间要有一定的配比。

(3) 参与化学反应的物质之间要均匀混合。

因此原矿浆制备在氧化铝生产中要有重要作用。原矿浆的制备要经过铝矿石破碎、配矿、入磨配料、湿磨等几道工序完成。

2.1.1 破碎

从矿山开采出的铝矿石要经过粗碎、中碎、细碎等三段破碎才能达到矿石入磨的粒度要求。粗碎在矿山进行,中碎和细碎则在厂内进行。

(1) 粗碎:将直径 1500~500 mm 的矿石破碎到 400~125 mm。常用破碎设备为回旋式圆锥破碎机或颚式破碎机。

(2) 中碎:将直径 400~125 mm 的矿石破碎到 100~25 mm。常用破碎设备为标准型圆锥破碎机或颚式破碎机;

(3) 细碎:将直径 100~25 mm 的矿石破碎到 25~5 mm。常用破碎设备为短头型圆锥破碎机。

2.1.2 配矿

配矿就是把已知成分但有差异的几部分铝土矿,根据生产需要按比例混合均匀,使进入流程中的铝矿石的铝硅比和氧化铝、氧化铁含量符合生产要求。

2.1.2.1 配矿的方法

配矿是配料工作的第一步,它是调整进入生产流程中铝土矿的铝硅比和铝矿石中的氧化铝、氧化铁含量的过程。

配矿工作在破碎后的铝矿石被送到碎矿堆场分别堆放后开始进行,根据各小区碎矿的成分,按照生产对铝矿石铝硅比和成分的要求,将参与配矿的各小区的矿石按比例均匀地堆放在几个大区里,每个大区的存矿量应有 10 天左右的需用量,以保证有配好的矿区和正在使用的矿区以及正在配料的矿区,不至于造成配矿过程的混乱。

配矿的方法根据所用设备的不同分为:吊车配矿、推土机配矿、贮罐配矿以及先进的堆取机配矿等方法。前三种配矿方法已逐渐被堆取料机配矿所取代。

堆取料机是将吊车、推土机和皮带输送机的功能合在一起的先进设备,目前新建氧化铝厂都采用了这种设备进行配矿。

2.1.2.2 配矿计算

由于各供矿点供应的铝矿石成分波动较大，因此，根据铝矿石的地质资料，一般将碎矿堆场分成四个小区(1、2、3、4)和三个大区(A、B、C)。每一小区的堆矿量为每一个班用的破碎量，每三个小区可配成一个大区。

破碎工序应根据矿山供矿的成分分析，原则上在破碎后按成分的不同分堆堆放。经四个班以后，将四小区分别堆满。然后根据各小区矿的成分通过算术平均法算出哪几个小区所组成的混矿合格，从而将这几个小区的矿按配矿比例均匀地撒到一个大区里准备使用。这样三个大区周期性循环使用，从而保证了生产使用的是成分较为稳定的合格矿石。

配矿计算如下：

设两种铝土矿的成分如表 2-1 所示。

表 2-1　配矿铝土矿成分　　　　　　　　　　　　（%）

成　分	Al_2O_3	SiO_2	Fe_2O_3	A/S
第一种	A_1	S_1	F_1	K_1
第二种	A_2	S_2	F_2	K_2

若要求混矿的 A/S 为 K，则上述两种矿石的成分必须满足 $K_1 < K < K_2$ 或 $K_1 > K > K_2$，否则就达不到混矿要求。

设第一种矿石用 1 t 时，需配入第二种矿石 xt，则可根据铝硅比定义求出 x：

$$K = \frac{A_1 + A_2 x}{S_1 + S_2 x}$$

$$X = \frac{A_1 - KS_1}{K_2 S - A_2}$$

计算出 x 后，即可求出混矿的化学成分为：

$$Al_2O_3 = \frac{A_1 + A_2 x}{1 + x} \times 100\%$$

$$SiO_2 = \frac{S_1 + S_2 x}{1 + x} \times 100\%$$

$$Fe_2O_3 = \frac{F_1 + F_2 x}{1 + x} \times 100\%$$

2.1.3　拜耳法配料

拜耳法配料就是为满足在一定溶出条件下，达到技术规程所规定的氧化铝溶出率和溶出液苛性比值，而对原矿浆的成分进行调配的工作。

拜耳法配料指标是指配苛性碱量、石灰量和原矿浆液固比。

2.1.3.1 配碱量

单位矿石所需用的循环母液量叫做配碱量。配碱量就是配苛性碱量，要考虑三个方面的需求：

（1）溶出液要有一定的苛性比值。

（2）氧化硅生成含水铝硅酸钠。

（3）溶出过程中由于反苛化反应和机械损失的苛性氧化钠。

在生产实际中，配量时加入的碱并不是纯苛性氧化钠，而是生产中返回的循环母液。循环母液中除苛性氧化钠外，还有氧化铝、碳酸钠和硫酸钠等成分。所以在循环母液中有一部分苛性氧化钠与母液本身的氧化铝结合,成为惰性碱。剩下的部分才是游离苛性氧化钠,它对配料才是有效的。

2.1.3.2 石灰配入量

满足生成($2CaO \cdot TiO_2$)的单位矿石所需用的石灰量叫做配石灰量。拜耳法配量配入的石灰数量是以铝土矿中所含二氧化钛(TiO_2)的数量来确定的,按其反应式要求氧化钙与氧化钛的量之比为2.0;因此 1 t 铝土矿中石灰配入量 W_t 为:

$$W = 20 \times \frac{56}{80} \times \frac{T}{C} = 1.4 \times \frac{T}{C}$$

式中　T——铝矿石中 TiO_2 的质量分数,%;

　　　C——石灰中 CaO 的质量分数,%;

　56,80——分别为 CaO 和 TiO_2 的摩尔质量,g/mol。

2.1.3.3 液固比计算

在生产中,矿石、石灰和母液的配入量计算好后,矿石和石灰通过伺料机加入磨机,配碱量是通过控制循环母液下料量来进行配碱操作。循环母液的下料量是用同位素密度计自动测定原矿浆液固比,再根据原矿浆液固比的波动来调节母液的加入量。

液固比(L/S)是指原矿浆中溶液质量与固体质量的比值。其计算公式如下:

$$L/S = \frac{V \cdot \rho_L}{1000 + W}$$

式中　L/S——原矿浆液固比;

　　　V——1 t 铝土矿应配入的循环母液量,m^3/t 矿;

　　　ρ_L——循环母液的密度,kg/m^3;

　　1000——1 t 铝土矿,kg;

　　　W——1 t 铝土矿中需要配入的石灰量,kg。

2.1.4 湿磨

原矿浆的磨制(简称磨矿)是指通过磨机将细碎后的矿石进一步变细,并能达到进行溶出化学反应要求粒度的工序。拜耳法氧化铝生产中,在这道工序,矿石要与石灰、循环碱液一起进入磨机内进行混合湿磨得到合格的原矿浆,因此这道工序也是拜耳法氧化铝生产的配料工序。磨机所用设备一般为球磨机。如图 2-1 所示为原矿浆的磨制流程。

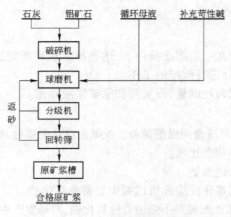

图 2-1　原矿浆磨制流程

2.2 原矿浆制备仿真工艺流程简述

铝矿、石灰、合格碱液按一定的配料比例,加入到棒磨机 Q101 内,利用旋转的磨机带起的钢棒落下时所产生的冲击力和棒与棒相对滚动所形成的磨剥力,使铝矿、石灰得到充分磨制。经充分磨制后得到的矿浆进入中间槽 C101,通过中间泵 P101A 打到旋流器 F101 内,利用不同细度矿粒在旋流器内旋转所形成的离心力的大小不同实现细度分级,细度不合格的矿浆(底流)从排沙嘴,通过管道送到球磨机 Q102 内,利用球磨机旋转带起的钢棒滚落时所产生的磨剥和冲击力,对矿浆进行细磨,磨出的矿浆再进入到中间槽 C101 内和棒磨机 Q101 磨出的矿浆混合后再通过中间泵 P101A 达到旋流器进行细度分级,合格的矿浆(溢流)通过管道流到回转筛 H101,把一些旋流器无法筛选的碎布、木炭、焦炭等较轻的杂物筛除后进入矿浆槽 C102,进行溶出作业。

图 2-2 为原矿浆制备仿真工艺流程图。

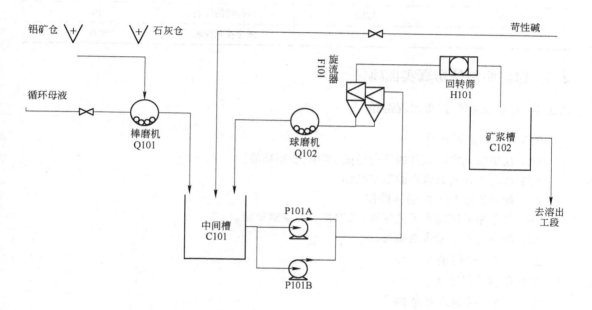

图 2-2 原矿浆制备仿真工艺流程图

2.2.1 主要设备

原矿浆制备仿真实训主要设备如表 2-2 所示。

表 2-2 原矿浆制备仿真实训设备

序 号	位 号	名 称	序 号	位 号	名 称
1	Q101	棒磨机	7	P101A/B	中间泵
2	Q102	球磨机	8	VA101	截止阀
3	F101	旋流器	9	VA102	截止阀
4	C101	中间槽	10	VA103	截止阀
5	C102	矿浆槽	11	VA104	截止阀
6	H101	回转筛			

2.2.2 控制仪表说明

原矿浆制备仿真实训控制仪表及说明如表2-3所示。

表 2-3 原矿浆制备仿真实训控制仪表

序　号	位　号	名　称	正常工况值
1	FI101	流量控制仪表	2363.63 kg/h
2	FI102	流量控制仪表	64.75 kg/h
3	FI103	流量控制仪表	8758.56 kg/h
4	FI104	流量控制仪表	371.35 kg/h
5	FI105	流量控制仪表	11558.29 kg/h
6	LI101	液位控制仪表	60%
7	LI102	液位控制仪表	60%

2.3 原矿浆制备仿真实训项目

2.3.1 原矿浆制备正常工况巡检

2.3.1.1 实训目的

(1)认识仿真实训软件的各类界面、菜单、按钮功能。

(2)练习仿真实训软件的基本操作。

(3)学习通用DCS的基本操作。

(4)熟悉原矿浆制备工艺流程,维护各工艺参数稳定。

(5)学习生产记录表的填写。

2.3.1.2 培训模式

采用单机练习模式。

2.3.1.3 培训参数选择

(1)培训工艺:原矿浆制备。

(2)培训项目:正常工况。

(3)DCS风格:通用DCS。

2.3.1.4 培训时间

培训时间为30~45 min。

2.3.1.5 实训步骤

(1)启动"氧化铝生产工艺仿真系统",选择"工艺软件",选择"单机练习",进入培训参数选择界面。

(2)按要求选择培训参数。

(3)打开"破碎"窗口,学习"破碎技能要求";打开"湿磨知识点",学习"湿磨技能要求"。

(4)切换"湿磨DCS"和"湿磨现场"两个界面,观察各个生产设备、阀门、仪表的状态,填写生产记录表,按物料流动的方向,每5 min记录一次各仪表的显示值,各阀门的开度值,发现事故,应填写事故处理栏相应内容(时间、设备名称、现象、处理程序、处理结果等)。

（5）轻微调节各阀门的开度值，观察各仪表的变化情况，分析数据变化的原因。

（6）通过调节，使生产工艺参数稳定在表2-4所列的正常工况值。

表2-4 原矿浆制备仿真工艺正常工况值

控 制 参 数	测量、控制仪表	正常工况值
铝矿的进料量	FI101	2363.63 kg/h
石灰的进料量	FI102	64.75 kg/h
循环母液的进料量	FI103	8758.56 kg/h
补充苛性碱的流量	FI104	371.35 kg/h
合格矿浆的流量	FI105	11558.29 kg/h
中间槽 C101 的液位	LI101	60%
矿浆槽 C102 的液位	LI102	60%

（7）完成全部实训任务后，退出仿真实训软件，关闭计算机。

（8）将生产记录表交组长签字后交指导教师。

2.3.2 原矿浆制备冷态开车

2.3.2.1 实训目的

（1）认识仿真实训软件的各类界面、菜单、按钮功能。

（2）练习仿真实训软件的基本操作。

（3）学习通用 DCS 的基本操作。

（4）熟悉原矿浆制备工艺流程，维护各工艺参数稳定。

（5）学习破碎技能要求、湿磨技能要求。

（6）学习生产记录表的填写。

2.3.2.2 培训模式

培训模式为单机练习模式。

2.3.2.3 培训参数选择

（1）培训工艺：原矿浆制备。

（2）培训项目：冷态开车。

（3）DCS 风格：通用 DCS。

2.3.2.4 培训时间

培训时间为 30～45 min。

2.3.2.5 实训步骤

（1）启动"氧化铝生产工艺仿真系统"，选择"工艺软件"，选择"单机练习"，进入培训参数选择界面。

（2）按要求选择培训参数。

（3）打开"破碎"窗口，学习"破碎技能要求"；打开"湿磨知识点"，学习"湿磨技能要求"。

（4）填写生产记录表，每 2 min 记录一次各仪表的显示值，各阀门的开度值，发现事故，应填写事故处理栏相应内容（时间、设备名称、现象、处理程序、处理结果等）。

（5）冷态开车操作步骤及评分标准见表2-5。

表 2-5 原矿浆制备冷态开车操作步骤及评分标准

序　号	操 作 步 骤	评　分
1	开阀 VA101,进循环母液	10
2	调节阀门 VA101,使循环母液量为 8758.56 kg/h	20
3	开棒磨机电机	10
4	开铝矿石称量给料机电机	10
5	设定铝矿石加入量 SP 为 2363.63 kg/h	30
6	开石灰称量给料机电机	10
7	设定石灰加入量 SP 为 64.75 kg/h	30
8	当中间槽液位 50%左右时,开泵 P101A	10
9	控制中间槽液位在 60%左右	30
10	开阀 VA103,经磨制后的浆液通过中间泵打到旋流器	10
11	开球磨机电机	10
12	开阀 VA102,补充苛性碱	10
13	调节阀门 VA102,使苛性碱加入量为 371.35 kg/h	30
14	当矿浆槽液位在 50%时开启 VA104,矿浆进入溶出工段	10
15	矿浆槽液位控制在 60%左右	30

(6) 完成全部实训任务后,退出仿真实训软件,关闭计算机。

(7) 将生产记录表交组长签字后交指导教师。

2.3.3　原矿浆制备正常停车

2.3.3.1　实训目的

(1) 认识仿真实训软件的各类界面、菜单、按钮功能。

(2) 练习仿真实训软件的基本操作。

(3) 学习通用 DCS 的基本操作。

(4) 熟悉原矿浆制备工艺流程,维护各工艺参数稳定。

(5) 学习破碎技能要求、湿磨技能要求。

(6) 学习生产记录表的填写。

2.3.3.2　培训模式

培训模式为单机练习模式。

2.3.3.3　培训参数选择

(1) 培训工艺:原矿浆制备。

(2) 培训项目:正常停车。

(3) DCS 风格:通用 DCS。

2.3.3.4　培训时间

培训时间为 20 min。

2.3.3.5　实训步骤

(1) 启动"氧化铝生产工艺仿真系统",选择"工艺软件",选择"单机练习",进入培训参数选择界面。

(2) 按要求选择培训参数。

(3) 打开"破碎"窗口,学习"破碎技能要求";打开"湿磨知识点",学习"湿磨技能要求"。

(4) 填写生产记录表,每 2 min 记录一次各仪表的显示值,各阀门的开度值,发现事故,应填写事故处理栏相应内容(时间、设备名称、现象、处理程序、处理结果等)。

(5) 正常停车操作步骤及评分标准见表 2-6。

表 2-6 原矿浆制备正常停车操作步骤及评分标准

序 号	操 作 步 骤	评 分
1	关闭石灰称量给料机电机	10
2	石灰进料量 SP 设为 0	10
3	关闭铝土矿称量给料机电机	10
4	铝土矿进料量 SP 设为 0	10
5	停止循环母液进料	10
6	停止苛性碱加入	10
7	停棒磨机	10
8	停球磨机	10
9	当中间槽液位小于 5%时,关闭泵 P101A	10
10	关闭阀 VA103	10
11	当矿浆槽液位小于 5%时,关闭 VA104	10

(6) 完成全部实训任务后,退出仿真实训软件,关闭计算机。

(7) 将生产记录表交组长签字后交指导教师。

2.3.4 棒磨机跳停事故处置

2.3.4.1 实训目的

(1) 熟练掌握通用 DCS 的基本操作。

(2) 熟悉原矿浆制备工艺流程,维护各工艺参数稳定。

(3) 培训学员发现生产事故、分析事故原因,并按操作规程正确处理的能力。

(4) 完成生产记录表的填写。

2.3.4.2 培训模式

培训模式为单机练习模式。

2.3.4.3 培训参数选择

(1) 培训工艺:原矿浆制备。

(2) 培训项目:棒磨机跳停。

(3) DCS 风格:通用 DCS。

2.3.4.4 培训时间

培训时间为 20 min。

2.3.4.5 实训步骤

(1) 启动"氧化铝生产工艺仿真系统",选择"工艺软件",选择"单机练习",进入培训参数选择界面。

(2) 按要求选择培训参数。

(3) 打开"破碎"窗口,学习"破碎技能要求";打开"湿磨知识点",学习"湿磨技能要求"。

(4) 填写生产记录表,每 2 min 记录一次各仪表的显示值,各阀门的开度值,发现事故,应填写事故处理栏相应内容(时间、设备名称、现象、处理程序、处理结果等)。

(5) 发现棒磨机故障后,按表 2-7 所列操作步骤进行事故处置。

表 2-7 原矿浆制备棒磨机跳停事故分析、处置步骤及评分标准

序　号	操作步骤	评　分
事故分析	原因:电器故障或者磨机运行环境异常 现象:棒磨机堵料,出口无出料 处理:停止给料和碱液,联系处理	
1	关闭石灰称量给料机电机	10
2	石灰进料量 SP 设为 0	10
3	关闭铝土矿称量给料机电机	10
4	铝土矿进料量 SP 设为 0	10
5	停止循环母液进料	10

(6) 完成全部实训任务后,退出仿真实训软件,关闭计算机。

(7) 将生产记录表交组长签字后交指导教师。

2.3.5 球磨机跳停事故处置

2.3.5.1 实训目的

(1) 熟练掌握通用 DCS 的基本操作。

(2) 熟悉原矿浆制备工艺流程,维护各工艺参数稳定。

(3) 培训学员发现生产事故、分析事故原因,并按操作规程正确处理的能力。

(4) 完成生产记录表的填写。

2.3.5.2 培训模式

培训模式为单机练习模式。

2.3.5.3 培训参数选择

(1) 培训工艺:原矿浆制备。

(2) 培训项目:球磨机跳停。

(3) DCS 风格:通用 DCS。

2.3.5.4 培训时间

培训时间为 20 min。

2.3.5.5 实训步骤

(1) 启动"氧化铝生产工艺仿真系统",选择"工艺软件",选择"单机练习",进入培训参数选择界面。

(2) 按要求选择培训参数。

(3) 打开"破碎"窗口,学习"破碎技能要求";打开"湿磨知识点",学习"湿磨技能要求"。

(4) 填写生产记录表,每 2 min 记录一次各仪表的显示值,各阀门的开度值,发现事故,应填

写事故处理栏相应内容(时间、设备名称、现象、处理程序、处理结果等)。

(5) 发现球磨机故障后,按表2-8所列操作步骤进行事故处置。

表2-8 原矿浆制备球磨机跳停事故分析、处置步骤及评分标准

序 号	操 作 步 骤	评 分
事故分析	原因:电器故障或者磨机运行环境异常 现象:球磨机堵料,出口无出料 处理:停止给料和碱液,并停中间泵,联系处理	
1	关闭石灰称量给料机电机	10
2	石灰进料量 SP 设为 0	10
3	关闭铝土矿称量给料机电机	10
4	铝土矿进料量 SP 设为 0	10
5	停止循环母液进料	10
6	停止苛性碱加入	10
7	停球磨机	10
8	关闭泵 P101A	10
9	关闭阀 VA103	10

(6) 完成全部实训任务后,退出仿真实训软件,关闭计算机。

(7) 将生产记录表交组长签字后交指导教师。

3 管道溶出仿真实训

3.1 管道溶出生产简述

采用拜耳法工艺流程生产的氧化铝量占到总产量的 90% 以上,它是采用高铝硅比铝土矿作生产原料的新建铝厂首选的工艺流程。拜耳法的原理就是使以下反应在不同条件下向不同的方向交替进行:

$$Al_2O_3 \cdot xH_2O + 2NaOH \Longleftrightarrow 2NaAl(OH)_4$$

首先,在高温高压下以 NaOH 溶液溶出铝土矿,使其中的氧化铝水合物按上式反应向右进行得到铝酸钠溶液,铁、硅等杂质进入赤泥;而向经过彻底分离赤泥后的铝酸钠溶液添加晶种,在不断搅拌和逐渐降温的条件下进行分解,使上式反应向左进行析出氢氧化铝,并得到含大量氢氧化钠的母液;母液经过蒸发浓缩后再返回用于溶出新的一批铝土矿;氢氧化铝经过煅烧脱水后得到产品氧化铝。

原矿浆是由铝矿石、循环母液和石灰组成的混合物。溶出是利用循环母液的苛性碱把矿石中的氧化铝溶解出来成为铝酸钠溶液。但是铝土矿中除氧化铝之外,还有不少的杂质如氧化硅、氧化钛、氧化铁、碳酸盐、有机物和硫化物以及一些微量物质如镓、铬、钒等。另外添加的石灰主要成分除氧化钙外,还有碳酸钠、硫酸钠以及铝硅酸盐等杂质,也会同时进入原矿浆。因此,原矿浆的组成很复杂,在溶出过程中的化学反应也是十分复杂的。在铝土矿溶出过程中,由于整个过程反应复杂,所以影响溶出过程的因素比较多。在我国铝土矿的类型(一水硬铝石型)已经确定的情况下,在溶出过程中主要是控制矿石细度、循环母液苛性碱浓度和苛性比值、溶出温度和石灰添加量等技术条件。

3.1.1 矿石细度

由于溶出反应是在相界面进行的,因此,溶出速度是与相界面的面积成正比的。而矿石的比表面积与其矿粒直径大小成反比,所以矿石磨得越细其比表面积就越大,溶出速度就越快。另外,矿石磨细还可以把杂质包围起来的氧化铝水合物表面暴露出来,能有效地与碱液接触,加快溶出速度。

但是如果磨得太细,则引起赤泥沉降性能变坏,并且增加能耗,降低设备产能。因此,对不同矿石的最佳磨细程度,可通过试验和生产实践来确定。

3.1.2 循环母液苛性碱浓度

如果仅对溶出工序,提高循环母液的苛性碱浓度和苛性比值不仅能加快铝土矿的溶出速度,提高溶出率,而且还能提高设备产能和劳动生产率。但是从整个生产流程来看,过分地提高循环母液浓度和苛性比值并不经济,因为:

(1)晶种分解时要求铝酸钠溶液的浓度不能太高,种分母液中的苛性碱浓度一般在 140 g/L 左右,同时,要求循环母液浓度越高,必须蒸发掉的水分就越多,这样就会造成结疤严重,影响蒸发效率,增加气耗。

(2)苛性碱浓度增高后,对钢铁设备的腐蚀作用加剧,降低设备使用年限。

(3)要求循环母液苛性比值越高,则晶种分解时间就越长,会降低分解设备的产能。

因此,循环母液苛性碱浓度和苛性比值要通过经济技术指标的核算来确定。

3.1.3 溶出液的苛性比值

溶出液苛性比值的高低不但对溶出过程有影响,而且对赤泥分离和晶种分解等生产过程也起着极大作用。当溶出液苛性比值高时,晶种分解的速度就慢,种分分解率就低。这样使循环效率降低,物流流量增大,降低了设备产能,增加了加工费用。反之,溶出液苛性比值低,晶种分解速度快,种分分解率高,这样不仅提高了循环效率,减少了物流流量,而且还能提高设备产能,降低加工费用。在工业生产中,往往采用低苛性比值溶出的技术条件,来提高循环效率,改善整个生产过程的技术条件。但溶出液苛性值过低,易发生水解反应,造成氧化铝的损失。

3.1.4 溶出温度

温度是影响氧化铝溶出的最主要的因素。在其他条件相同时,溶出温度越高,氧化铝溶出率越高,溶出时间就越短。如果溶出的温度提高到300℃时,无论哪种类型的铝土矿,溶出过程都可以在几分钟内完成,而且得到近于饱和的铝酸钠溶液。

所以,溶出工艺技术的进步主要体现在溶出温度的提高上,因为温度的提高与溶出器内的压力有关,温度越高,溶出器内的压力就会越高,故溶出器器壁的厚度在直径不变时则应越厚,但又受到设备制造的限制。如果溶出器的直径越小,在溶出器器壁的厚度不变时,越能承受更高的压力。

3.1.5 石灰添加量

溶出一水硬铝石时,在溶出过程中添加适量的石灰,可以加速溶出反应的进行,有利于提高溶出率。

石灰添加量要根据铝土矿中氧化钛的含量添加,如果过量,则多余的石灰会在溶出过程中生成水化石榴石,使氧化铝溶出率降低。但现代氧化铝生产中,也有采用过量配灰,称为石灰拜耳法,主要是多余的 Ca 置换赤泥中的 Na,减少碱的损失。

拜耳法生产氧化铝已经走过了一百多年的历程,尽管拜耳法生产方法本身没有实质性的变化,但就溶出技术而言却发生了巨大的变化。溶出方法由单罐间断溶出作业发展为多罐串联连续溶出,进而发展为管道化溶出。溶出温度也得以提高,最初溶出三水铝石的温度为105℃,溶出一水软铝石为200℃,溶出一水硬铝石温度为240℃,而目前的管道化溶出器,溶出温度可达280~300℃。加热方式由蒸汽直接加热发展为蒸汽间接加热,乃至管道化溶出高温段的熔盐加热。

稀释是用一次赤泥洗液将溶出的料浆在稀释槽中稀释。用赤泥洗液作为稀释液的原因是:赤泥洗液所含 Al_2O_3 数量约为铝土矿所含 Al_2O_3 数量的1/4左右,并含有相当数量的碱,是必须回收的。但赤泥洗液的浓度太低,如果单独分离,则晶种分解槽的生产率会降低,所以要用赤泥洗液来稀释溶出料浆,既能达到稀释目的,也回收了洗液中的 Al_2O_3 和 Na_2O。

3.2 管道溶出仿真工艺流程简述

流量为 11558.29 kg/h、温度为100℃的原矿浆在预脱硅槽中常压脱硅后,经高压隔膜泵送入

9 级单套管预热器中。第 1~5 级用 5 级矿浆自蒸发器产生的二次蒸汽加热到 220℃,第 6~9 级用熔盐加热到 270℃。达到溶出温度的矿浆,在停留罐中充分溶出后,进入 5 级矿浆自蒸发器,温度降到 130℃后,排入稀释槽。5 级矿浆自蒸发器的二次蒸汽经单管换热器换热后产生的冷凝水,最终进入冷凝储水罐,可供氧化铝厂洗涤赤泥及氢氧化铝。

图 3-1 所示为管道溶出仿真工艺流程图。

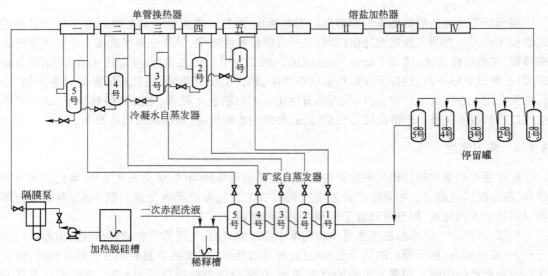

图 3-1   管道溶出仿真工艺流程图

3.2.1   主要设备

管道溶出仿真实训主要设备如表 3-1 所示。

表 3-1   管道溶出仿真实训设备表

序 号	位 号	名 称	序 号	位 号	名 称
1	S101	脱硅槽	14	F102	停留罐
2	P101	隔膜泵	15	F103	停留罐
3	D101	稀释槽	16	F104	停留罐
4	E101	I 级预热器	17	F105	停留罐
5	E102	II 级预热器	18	V101	I 级矿浆自蒸发器
6	E103	III 级预热器	19	V102	II 级矿浆自蒸发器
7	E104	IV 级预热器	20	V103	III 级矿浆自蒸发器
8	E105	V 级预热器	21	V104	IV 级矿浆自蒸发器
9	E106	VI 级预热器	22	V105	V 级矿浆自蒸发器
10	E107	VII 级预热器	23	V106	I 级冷凝水自蒸发器
11	E108	VIII 级预热器	24	V107	II 级冷凝水自蒸发器
12	E109	IX 级预热器	25	V108	III 级冷凝水自蒸发器
13	F101	停留罐	26	V109	IV 级冷凝水自蒸发器

序 号	位 号	名 称	序 号	位 号	名 称
27	V110	V级冷凝水自蒸发器	41	VA110	截止阀
28	FV101	流量控制阀	42	VA111	截止阀
29	VB101	球阀	43	VA112	截止阀
30	VB102	球阀	44	VA113	截止阀
31	VB604	球阀	45	VA114	截止阀
32	VA101	截止阀	46	VA115	截止阀
33	VA102	截止阀	47	VA116	截止阀
34	VA103	截止阀	48	VA117	截止阀
35	VA104	截止阀	49	VA118	放空阀
36	VA105	截止阀	50	VA119	放空阀
37	VA106	截止阀	51	VA120	放空阀
38	VA107	截止阀	52	VA121	放空阀
39	VA108	截止阀	53	VA122	放空阀
40	VA109	截止阀	54	VA123	截止阀

3.2.2 控制仪表说明

控制仪表说明如表 3-2 所示。

表 3-2 管道溶出仿真实训控制仪表

序 号	位 号	名 称	正常情况显示值
1	FIC101	流量控制仪表	11558.29 kg/h
2	PI101	压力显示仪表	9.5 MPa
3	PI102	压力显示仪表	3.10 MPa
4	PI103	压力显示仪表	1.45 MPa
5	PI104	压力显示仪表	0.58 MPa
6	PI105	压力显示仪表	0.19 MPa
7	PI106	压力显示仪表	0.13 MPa
8	TI101	温度显示仪表	100.0℃
9	TI102	温度显示仪表	100.0℃
10	TI103	温度显示仪表	220.0℃
11	TI104	温度显示仪表	270.0℃
12	TI105	温度显示仪表	130.0℃
13	LI101	液位显示仪表	50%
14	LI102	液位显示仪表	50%
15	LI103	液位显示仪表	50%
16	LI104	液位显示仪表	50%

序　号	位　号	名　　称	正常情况显示值
17	LI105	液位显示仪表	50%
18	LI106	液位显示仪表	50%
19	LI107	液位显示仪表	50%
20	LI108	液位显示仪表	50%
21	LI109	液位显示仪表	50%
22	LI110	液位显示仪表	50%

3.3　管道溶出仿真实训项目

3.3.1　管道溶出正常工况巡检

3.3.1.1　实训目的

（1）学习 TDC3000 的基本操作。

（2）熟悉管道溶出工艺流程,维护各工艺参数稳定。

（3）熟练进行生产记录表的填写。

（4）学习溶出工序启动前的准备工作、隔膜泵操作技能要求、预脱硅槽操作技能要求、稀释槽操作技能要求、溶出工序的巡回检查工作。

3.3.1.2　培训模式

培训模式为单机练习模式。

3.3.1.3　培训参数选择

（1）培训工艺:管道溶出。

（2）培训项目:正常工况。

（3）DCS 风格:TDC3000。

3.3.1.4　培训时间

培训时间为 30~45 min。

3.3.1.5　实训步骤

（1）启动"氧化铝生产工艺仿真系统",选择"工艺软件",选择"单机练习",进入培训参数选择界面。

（2）按要求选择培训参数。

（3）打开"管道溶出知识点"窗口,学习"溶出工序巡回检查工作"、"预脱硅槽技能要求"、"隔膜泵技能要求"和"稀释槽安全技术规程"。

（4）切换"管道溶出 DCS"和"管道溶出现场"两个界面,观察各个生产设备、阀门、仪表的状态,填写生产记录表,按物料流动的方向,每 5 min 记录一次各仪表的显示值,各阀门的开度值,发现事故,应填写事故处理栏相应内容(时间、设备名称、现象、处理程序、处理结果等)。

（5）轻微调节各阀门的开度值,观察各仪表的变化情况,分析数据变化的原因。

（6）通过调节,使生产工艺参数稳定在表 3-3 所列的正常工况值。

表 3-3 管道溶出仿真工艺正常工况值

控 制 参 数	测量、控制仪表	正常工况值
原矿浆入口流量	FIC101	11558.29 kg/h
原矿浆入口温度	TI101	100℃
隔膜泵出口压力	PI101	9.5MPa
第Ⅴ级单管换热器出口温度	TI103	220℃
第Ⅸ级单管换热器出口温度	TI104	270℃
第一效矿浆自蒸发器压力	PI102	3.1MPa
第一效矿浆自蒸发器液位	LI101	50%
第二效矿浆自蒸发器压力	PI103	1.45MPa
第二效矿浆自蒸发器液位	LI102	50%
第三效矿浆自蒸发器压力	PI104	0.58MPa
第三效矿浆自蒸发器液位	LI103	50%
第四效矿浆自蒸发器压力	PI105	0.19MPa
第四效矿浆自蒸发器液位	LI104	50%
第五效矿浆自蒸发器压力	PI106	0.13MPa
第五效矿浆自蒸发器温度	TI105	130℃
第五效矿浆自蒸发器液位	LI105	50%
第一效冷凝水自蒸发器液位	LI106	50%
第二效冷凝水自蒸发器液位	LI107	50%
第三效冷凝水自蒸发器液位	LI108	50%
第四效冷凝水自蒸发器液位	LI109	50%
第五效冷凝水自蒸发器液位	LI110	50%

（7）完成全部实训任务后，退出仿真实训软件，关闭计算机。

（8）将生产记录表交组长签字后交指导教师。

3.3.2 管道溶出冷态开车

3.3.2.1 实训目的

（1）进一步熟练掌握 TDC3000 的基本操作。

（2）熟悉管道溶出工艺流程，维护各工艺参数稳定。

（3）熟练进行生产记录表的填写。

（4）学习溶出工序启动前的准备工作、隔膜泵操作技能要求、预脱硅槽操作技能要求、稀释槽操作技能要求、溶出工序的巡回检查工作。

3.3.2.2 培训模式

培训模式为单机练习模式。

3.3.2.3 培训参数选择

（1）培训工艺：管道溶出。

（2）培训项目：冷态开车。

（3）DCS 风格：TDC3000。

3.3.2.4　培训时间

培训时间为 120~150 min。

3.3.2.5　实训步骤

(1) 启动"氧化铝生产工艺仿真系统",选择"工艺软件",选择"单机练习",进入培训参数选择界面。

(2) 按要求选择培训参数。

(3) 打开"管道溶出知识点"窗口,学习"溶出工序巡回检查工作"、"预脱硅槽技能要求"、"隔膜泵技能要求"和"稀释槽安全技术规程"。

(4) 填写生产记录表,每 2 min 记录一次各仪表的显示值,各阀门的开度值,发现事故,应填写事故处理栏相应内容(时间、设备名称、现象、处理程序、处理结果等)。

(5) 冷态开车操作步骤及评分标准见表 3-4。

表 3-4　管道溶出冷态开车操作步骤及评分标准

工　序	序　号	操　作　步　骤	评　分
管道溶出	1	原矿浆经预脱硅后,打开进料泵 P101 电源开关,开启 P101	10
	2	打开进料调节阀的前截止阀 VB101	10
	3	打开进料调节阀的前截止阀 VB102	10
	4	打开进料控制阀 FV101	10
	5	当 TI103 高于 25℃时,全开熔盐系统阀门 VA102,给原矿浆加热	10
	6	经熔盐加热,原矿浆温度升高后进入五级停留罐,进行初步反应	10
	7	当 FIC101 显示流量接近 11558.29 kg/h 时,将 FIC101 投自动,将 FIC101 设定值设为 11558.29 kg/h	10
	8	高温溶出浆液进入五级自蒸发罐,当 V101 液位高于 50%时,开 VA103,向第二级蒸发罐进料	10
	9	当 V102 液位高于 50%时,开 VA104,向第三级蒸发罐进料	10
	10	当 V103 液位高于 50%时,开 VA105,向第四级蒸发罐进料	10
	11	当 V104 液位高于 50%时,开 VA106,向第五级蒸发罐进料	10
	12	当 V105 液位高于 50%时,开 VA107,矿浆进入稀释工段	10
	13	当 V105 压力有明显升高时,开启罐顶阀门 VA112,二次蒸汽给第一效单管换热器加热	10
	14	开启 V104 罐顶阀门 VA111,二次蒸汽给第二效单管换热器加热	10
	15	开启 V103 罐顶阀门 VA110,二次蒸汽给第三效单管换热器加热	10
	16	开启 V102 罐顶阀门 VA109,二次蒸汽给第四效单管换热器加热	10
	17	开启 V101 罐顶阀门 VA108,二次蒸汽给第五效单管换热器加热	10
	18	同时关小 VA102,调整熔盐流量,使熔盐出口料温不高于 270℃	10
	19	当冷凝水自蒸发器 V106 液位高于 50%时,开 VA113	10
	20	当冷凝水自蒸发器 V107 液位高于 50%时,开 VA114	10
	21	当冷凝水自蒸发器 V108 液位高于 50%时,开 VA115	10
	22	当冷凝水自蒸发器 V109 液位高于 50%时,开 VA116	10
	23	当冷凝水自蒸发器 V110 液位高于 50%时,开 VA117	10

续表 3-4

工序	序号	操 作 步 骤	评 分
矿浆稀释	24	开阀门 VA123,用来自赤泥洗涤工段的浓洗液稀释溶出的赤泥浆液	10
调节至正常	25	原矿浆进料量稳定在 11558.29 kg/h	30
	26	调节矿浆自蒸发罐 V101-V105 的二次蒸汽阀,出口料温 TI103 稳定在 220℃	30
	27	矿浆自蒸发器 V101 的压力稳定在 3.10 MPa	30
	28	矿浆自蒸发器 V102 的压力稳定在 1.45 MPa	30
	29	矿浆自蒸发器 V103 的压力稳定在 0.58 MPa	30
	30	矿浆自蒸发器 V104 的压力稳定在 0.19 MPa	30
	31	矿浆自蒸发罐 V105 的压力稳定在 0.13 MPa	30
	32	温度 TI105 稳定在 130℃	30
	33	熔盐加热段出口料温稳定在 270℃左右	30
	34	调节 VA103 开度,使第一效矿浆自蒸发器液位维持在 50%左右	10
	35	调节 VA104 开度,使第二效矿浆自蒸发器液位维持在 50%左右	10
	36	调节 VA105 开度,使第三效矿浆自蒸发器液位维持在 50%左右	10
	37	调节 VA106 开度,使第四效矿浆自蒸发器液位维持在 50%左右	10
	38	调节 VA107 开度,使第五效矿浆自蒸发器液位维持在 50%左右	10
	39	调节 VA113 开度,使第一效冷凝水自蒸发器液位维持在 50%左右	10
	40	调节 VA114 开度,使第二效冷凝水自蒸发器液位维持在 50%左右	10
	41	调节 VA115 开度,使第三效冷凝水自蒸发器液位维持在 50%左右	10
	42	调节 VA116 开度,使第四效冷凝水自蒸发器液位维持在 50%左右	10
	43	调节 VA117 开度,使第五效冷凝水自蒸发器液位维持在 50%左右	10

（6）完成全部实训任务后,退出仿真实训软件,关闭计算机。

（7）将生产记录表交组长签字后交指导教师。

3.3.3 管道溶出正常停车

3.3.3.1 实训目的

（1）进一步熟练掌握 TDC3000 的基本操作。

（2）熟悉管道溶出工艺流程,维护各工艺参数稳定。

（3）熟练进行生产记录表的填写。

（4）学习溶出工序启动前的准备工作、隔膜泵操作技能要求、预脱硅槽操作技能要求、稀释槽操作技能要求、溶出工序的巡回检查工作。

3.3.3.2 培训模式

培训模式为单机练习模式。

3.3.3.3 培训参数选择

（1）培训工艺:管道溶出。

（2）培训项目:正常停车。

（3）DCS 风格:TDC3000。

3.3.3.4　培训时间

培训时间为 30～45 min。

3.3.3.5　实训步骤

（1）启动"氧化铝生产工艺仿真系统"，选择"工艺软件"，选择"单机练习"，进入培训参数选择界面。

（2）按要求选择培训参数。

（3）打开"管道溶出知识点"窗口，学习"溶出工序巡回检查工作"、"预脱硅槽技能要求"、"隔膜泵技能要求"和"稀释槽安全技术规程"。

（4）填写生产记录表，每 2 min 记录一次各仪表的显示值，各阀门的开度值，发现事故，应填写事故处理栏相应内容（时间、设备名称、现象、处理程序、处理结果等）。

（5）正常停车操作步骤及评分标准见表 3-5。

表 3-5　管道溶出正常停车操作步骤及评分标准

工　序	序　号	操　作　步　骤	评　分
停加热物流	1	关闭熔盐阀 VA102，停止熔盐加热	10
	2	分别关闭矿浆自蒸发器的二次蒸汽阀门，停止预热器的加热	10
	3	关闭自蒸发罐 V101 的二次蒸汽阀门 VA108	10
	4	关闭自蒸发罐 V102 的二次蒸汽阀门 VA109	10
	5	关闭自蒸发罐 V103 的二次蒸汽阀门 VA110	10
	6	关闭自蒸发罐 V104 的二次蒸汽阀门 VA111	10
	7	关闭自蒸发罐 V105 的二次蒸汽阀门 VA112	10
停加冷物流	8	关闭隔膜泵 P101	10
	9	关闭 FV101，停止原矿浆进料	10
	10	关闭 FV101 的前截止阀 VB101	10
	11	关闭 FV101 的后截止阀 VB102	10
	12	关闭 VA123，停止稀释水的加入	10
泄液	13	逐渐开大 V101 罐底泄液阀 VA103	10
	14	逐渐开大 V102 罐底泄液阀 VA104	10
	15	逐渐开大 V103 罐底泄液阀 VA105	10
	16	逐渐开大 V104 罐底泄液阀 VA106	10
	17	逐渐开大 V105 罐底泄液阀 VA107，矿浆自蒸发罐泄液	10
	18	逐渐开大 V106 罐底阀门 VA113	10
	19	逐渐开大 V107 罐底阀门 VA114	10
	20	逐渐开大 V108 罐底阀门 VA115	10
	21	逐渐开大 V109 罐底阀门 VA116	10
	22	逐渐开大 V110 罐底阀门 VA117，冷凝水自蒸发器泄液	10
	23	关闭 VA123，停止稀释水的加入	10
卸压	24	分别打开各矿浆自蒸发罐罐顶放空阀进行卸压	10
	25	打开 V101 放空阀 VA118	10
	26	打开 V102 放空阀 VA119	10
	27	打开 V103 放空阀 VA120	10
	28	打开 V104 放空阀 VA121	10
	29	打开 V105 放空阀 VA122	10

（6）完成全部实训任务后,退出仿真实训软件,关闭计算机。

（7）将生产记录表交组长签字后交指导教师。

3.3.4 溶出温度升高事故处置

3.3.4.1 实训目的

（1）熟练掌握 TDC3000 的基本操作。

（2）熟悉管道溶出工艺流程,维护各工艺参数稳定。

（3）培训学员发现生产事故、分析事故原因,并按操作规程正确处理的能力。

（4）完成生产记录表的填写。

（5）学习溶出工序启动前的准备工作、隔膜泵操作技能要求、预脱硅槽操作技能要求、稀释槽操作技能要求、溶出工序的巡回检查工作。

3.3.4.2 培训模式

培训模式为单机练习模式。

3.3.4.3 培训参数选择

（1）培训工艺:管道溶出。

（2）培训项目:溶出温度升高。

（3）DCS 风格:TDC3000。

3.3.4.4 培训时间

培训时间为 20 min。

3.3.4.5 实训步骤

（1）启动"氧化铝生产工艺仿真系统",选择"工艺软件",选择"单机练习",进入培训参数选择界面。

（2）按要求选择培训参数。

（3）打开"管道溶出知识点"窗口,学习"溶出工序巡回检查工作"、"预脱硅槽技能要求"、"隔膜泵技能要求"和"稀释槽安全技术规程"。

（4）填写生产记录表,每 2 min 记录一次各仪表的显示值,各阀门的开度值,发现事故,应填写事故处理栏相应内容(时间、设备名称、现象、处理程序、处理结果等)。

（5）发现溶出温度升高故障后,按表 3-6 所列操作步骤进行事故处置。

表 3-6 管道溶出温度升高事故分析、处置步骤及评分标准

序 号	操 作 步 骤	评 分
事故分析	原因:隔膜泵排量小 现象:管道换热器温度升高,溶出温度升高 处理:检查原因或者提高隔膜泵排量	
1	调大 FV101 阀门开度,提高隔膜泵排量至正常	10
2	隔膜泵排量至正常工况值	30

（6）完成全部实训任务后,退出仿真实训软件,关闭计算机。

（7）将生产记录表交组长签字后交指导教师。

3.3.5　冷凝水自蒸发器 V110 液位偏高事故处置

3.3.5.1　实训目的

(1) 熟练掌握 TDC3000 的基本操作。

(2) 熟悉管道溶出工艺流程,维护各工艺参数稳定。

(3) 培训学员发现生产事故、分析事故原因,并按操作规程正确处理的能力。

(4) 完成生产记录表的填写。

(5) 学习溶出工序启动前的准备工作、隔膜泵操作技能要求、预脱硅槽操作技能要求、稀释槽操作技能要求、溶出工序的巡回检查工作。

3.3.5.2　培训模式

培训模式为单机练习模式。

3.3.5.3　培训参数选择

(1) 培训工艺:管道溶出。

(2) 培训项目:V110 液位偏高。

(3) DCS 风格:TDC3000。

3.3.5.4　培训时间

培训时间为 20 min。

3.3.5.5　实训步骤

(1) 启动"氧化铝生产工艺仿真系统",选择"工艺软件",选择"单机练习",进入培训参数选择界面。

(2) 按要求选择培训参数。

(3) 打开"管道溶出知识点"窗口,学习"溶出工序巡回检查工作"、"预脱硅槽技能要求"、"隔膜泵技能要求"和"稀释槽安全技术规程"。

(4) 填写生产记录表,每 2 min 记录一次各仪表的显示值,各阀门的开度值,发现事故,应填写事故处理栏相应内容(时间、设备名称、现象、处理程序、处理结果等)。

(5) 发现 VA110 液位偏高故障后,按表 3-7 所列操作步骤进行事故处置。

表 3-7　管道溶出 VA110 液位偏高事故分析、处置步骤及评分标准

序　号	操作步骤	评　分
事故分析	原因:自蒸发器出口阀开度不合适 现象:V110 液位偏高 处理:调整 VA117 开度,使 V110 液位稳定在 50%	
1	开大 V110 的出口阀开度,使 V110 液位正常	10
2	V110 液位调节至正常	30

(6) 完成全部实训任务后,退出仿真实训软件,关闭计算机。

(7) 将生产记录表交组长签字后交指导教师。

3.3.6　进料阀 FV101 阀卡事故处置

3.3.6.1　实训目的

(1) 熟练掌握 TDC3000 的基本操作。

（2）熟悉管道溶出工艺流程，维护各工艺参数稳定。

（3）培训学员发现生产事故、分析事故原因，并按操作规程正确处理的能力。

（4）完成生产记录表的填写。

（5）学习溶出工序启动前的准备工作、隔膜泵操作技能要求、预脱硅槽操作技能要求、稀释槽操作技能要求、溶出工序的巡回检查工作。

3.3.6.2　培训模式

培训模式为单机练习模式。

3.3.6.3　培训参数选择

（1）培训工艺：管道溶出。

（2）培训项目：进料阀 FV101 阀卡。

（3）DCS 风格：TDC3000。

3.3.6.4　培训时间

培训时间为 20 min。

3.3.6.5　实训步骤

（1）启动"氧化铝生产工艺仿真系统"，选择"工艺软件"，选择"单机练习"，进入培训参数选择界面。

（2）按要求选择培训参数。

（3）打开"管道溶出知识点"窗口，学习"溶出工序巡回检查工作"、"预脱硅槽技能要求"、"隔膜泵技能要求"和"稀释槽安全技术规程"。

（4）填写生产记录表，每 2 min 记录一次各仪表的显示值，各阀门的开度值，发现事故，应填写事故处理栏相应内容（时间、设备名称、现象、处理程序、处理结果等）。

（5）发现进料阀 FV101 阀卡故障后，按表 3-8 所列操作步骤进行事故处置。

表 3-8　管道溶出进料阀 FV101 阀卡事故分析、处置步骤及评分标准

序　号	操 作 步 骤	评　分
事故分析	原因：进料调节阀 FV101 卡 现象：进料量减少，蒸发器液位下降、温度升高、压力升高 处理：打开旁路阀 VA101，保持进料量至正常值	
1	关闭 FV101 的前截止阀 VB101	10
2	关闭 FV101 的后截止阀 VB102	10
3	打开 FV101 旁通阀 VA101，维持进料流量	10
4	进料流量 FIC101 调节至正常工况值	30

（6）完成全部实训任务后，退出仿真实训软件，关闭计算机。

（7）将生产记录表交组长签字后交指导教师。

4 赤泥洗涤仿真实训

4.1 赤泥洗涤生产简述

溶出矿浆是由铝酸钠溶液和赤泥组成。为了获得符合晶种分解所要求的纯净铝酸钠溶液,必须将其二者分离,分离后的赤泥一般要进行 4~8 次反向洗涤,目的是尽可能减少以附液形式损失于赤泥中的 Al_2O_3 和 Na_2O。目前用于固液分离的设备有沉降槽、过滤机和叶滤机等,在工业生产上应根据物料性质和设备特点选用设备,溶出矿浆经稀释后,由于温度和碱浓度高,液固比大,一般都采用沉降槽来分离和洗涤拜耳法赤泥。

用赤泥洗液在稀释槽中稀释溶出矿浆,然后在沉降槽进行液固分离,分离出大部分溶液(沉降溢流即粗液),粗液中浮游物的含量控制小于 0.2 g/L。粗液经叶滤后,所得到的铝酸钠溶液称为精液,精液的浮游物含量不应大于 0.02 g/L,然后送去晶种分解。分离沉降槽的底流进行数次反向洗涤,以回收其夹带的溶液,使赤泥附液所带走的 Al_2O_3 和 Na_2O 损失控制在要求的范围内。其过程是分离沉降的底流进入 1 号水力混合槽与二次洗液混合后送一次洗涤沉降槽。一次洗涤底流进入 2 号水力混合槽与三次洗液混合后送二次洗涤沉降槽。二次洗涤底流进入 3 号水力混合槽与四次洗液混合后送三次洗涤沉降槽。以此类推,可以进行 4~8 次洗涤。最后末次底流在脱钠槽中与加入的石灰乳作用,以进一步回收 Na_2O。洗涤次数越多,有用成分的损失就越小,然而这样就要求蒸发更多的水,增大了蒸发工段的负担。具体的洗涤次数根据实际情况确定。

4.2 赤泥洗涤仿真工艺流程简述

本仿真系统以四级逆流赤泥洗涤工艺作为仿真对象。仿真范围内的主要设备包括溢流沉降槽、溢流洗涤槽、真空泵和阀门等。

原料稀释矿浆经调节阀 FV202 进入赤泥沉降槽 V201,当 V201 液位高于溢流堰后,上层清液溢流至叶滤工段,底流赤泥经并联离心泵组 P201 进入一级赤泥洗涤槽 S201。当 S201 液位高于溢流堰后,上层清液溢流至稀释工段,底流赤泥经并联泵组 P202 进入二级赤泥洗涤槽 S202。当 S202 液位高于溢流堰后,上层清液溢流至一级赤泥洗涤槽 S201,底流赤泥经并联泵组 P203 进入三级赤泥洗涤槽 S203。当 S203 液位高于溢流堰后,上层清液溢流至二级赤泥洗涤槽 S202,底流赤泥经并联泵组 P204 进入四级赤泥洗涤沉降槽 S204。当 S204 液位高于溢流堰后,上层清液溢流至三级赤泥洗涤槽 S203,底流净赤泥经调节阀 FV203 排至堆场。洗涤热水经调节阀 FV201 进入四级赤泥洗涤槽 S204。

图 4-1 为四级逆流赤泥洗涤工艺流程图。

4.2.1 主要设备

赤泥洗涤仿真实训设备如表 4-1 所示。

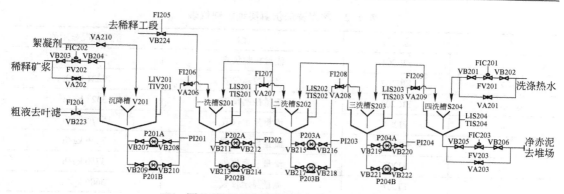

图 4-1 四级逆流赤泥洗涤工艺流程

表 4-1 赤泥洗涤仿真实训设备

序　号	位　号	名　称	序　号	位　号	名　称
1	V201	赤泥沉降槽	25	VB201	球　阀
2	S201	一级洗涤槽	26	VB202	球　阀
3	S202	二级洗涤槽	27	VB203	球　阀
4	S203	三级洗涤槽	28	VB204	球　阀
5	S204	四级洗涤槽	29	VB205	球　阀
6	P201A	离心泵	30	VB206	球　阀
7	P201B	离心泵	31	VB207	球　阀
8	P202A	离心泵	32	VB208	球　阀
9	P202B	离心泵	33	VB209	球　阀
10	P203A	离心泵	34	VB210	球　阀
11	P203B	离心泵	35	VB211	球　阀
12	P204A	离心泵	36	VB212	球　阀
13	P204B	离心泵	37	VB213	球　阀
14	FV201	流量控制阀	38	VB214	球　阀
15	FV202	流量控制阀	39	VB215	球　阀
16	FV203	流量控制阀	40	VB216	球　阀
17	VA201	截止阀	41	VB217	球　阀
18	VA202	截止阀	42	VB218	球　阀
19	VA203	截止阀	43	VB219	球　阀
20	VA206	截止阀	44	VB220	球　阀
21	VA207	截止阀	45	VB221	球　阀
22	VA208	截止阀	46	VB222	球　阀
23	VA209	截止阀	47	VB223	球　阀
24	VA210	截止阀	48	VB224	球　阀

4.2.2 控制仪表说明

赤泥洗涤仿真实训控制仪表如表 4-2 所示。

表 4-2　赤泥洗涤仿真实训控制仪表

序　号	位　号	名　称	正常情况显示值
1	FIC201	流量控制仪表	7405 kg/h
2	FIC202	流量控制仪表	19221 kg/h
3	FIC203	流量控制仪表	3323 kg/h
4	FI204	流量显示仪表	15470 kg/h
5	FI205	流量显示仪表	7836 kg/h
6	FI206	流量显示仪表	3750 kg/h
7	FI207	流量显示仪表	3606 kg/h
8	FI208	流量显示仪表	3472 kg/h
9	FI209	流量显示仪表	3348 kg/h
10	FI210	流量显示仪表	7430 kg/h
11	FI211	流量显示仪表	7554 kg/h
12	FI212	流量显示仪表	7687 kg/h
13	TIV201	温度显示仪表	98.0℃
14	TIS201	温度显示仪表	94.8℃
15	TIS202	温度显示仪表	95.8℃
16	TIS203	温度显示仪表	96.8℃
17	TIS204	温度显示仪表	97.8℃
18	LIV201	液位显示仪表	70.0%
19	LIS201	液位显示仪表	67.0%
20	LIS202	液位显示仪表	66.5%
21	LIS203	液位显示仪表	66.1%
22	LIS204	液位显示仪表	65.8%
23	PI201	压力显示仪表	0.33 MPa
24	PI202	压力显示仪表	0.33 MPa
25	PI203	压力显示仪表	0.33 MPa
26	PI204	压力显示仪表	0.33 MPa

4.3　赤泥洗涤仿真实训项目

4.3.1　赤泥洗涤正常工况巡检

4.3.1.1　实训目的

（1）学习 IA 系统 DCS 的基本操作。

（2）熟悉赤泥洗涤工艺流程,维护各工艺参数稳定。

（3）熟练进行生产记录表的填写。

（4）学习分离沉降洗涤槽操作技能要求、絮凝剂配制系统操作技术要求、赤泥沉降分离洗涤巡检技术要求、赤泥沉降分离洗涤安全要求。

4.3.1.2 培训模式

培训模式为单机练习模式。

4.3.1.3 培训参数选择

(1)培训工艺:赤泥洗涤。

(2)培训项目:正常工况。

(3)DCS 风格:IA 系统。

4.3.1.4 培训时间

培训时间为 30~45 min。

4.3.1.5 实训步骤

(1)启动"氧化铝生产工艺仿真系统",选择"工艺软件",选择"单机练习",进入培训参数选择界面。

(2)按要求选择培训参数。

(3)打开"赤泥洗涤知识点"窗口,学习"分离沉降洗涤槽操作技能要求"、"絮凝剂配制系统操作技术要求"、"赤泥沉降分离洗涤巡检技术要求"、"赤泥沉降分离洗涤安全要求"。

(4)切换"赤泥洗涤 DCS"和"赤泥洗涤现场"两个界面,观察各个生产设备、阀门、仪表的状态,填写生产记录表,按物料流动的方向,每 5 min 记录一次各仪表的显示值、各阀门的开度值,发现事故应填写事故处理栏相应内容(时间、设备名称、现象、处理程序、处理结果等)。

(5)轻微调节各阀门的开度值,观察各仪表的变化情况,分析数据变化的原因。

(6)通过调节,使生产工艺参数稳定在表 4-3 所列的正常工况值。

表 4-3 赤泥洗涤仿真工艺正常工况值

控 制 参 数	测量、控制仪表	正常工况值
流入洗涤热水流量	FIC201	7405 kg/h
流入稀释矿浆流量	FIC202	19221 kg/h
流去堆场净赤泥流量	FIC203	3323 kg/h
流去叶滤工序粗液流量	FI204	15470 kg/h
流去稀释工序赤泥洗水流量	FI205	7836 kg/h
沉降槽 V201 底流流量	FI206	3750 kg/h
一洗槽 S201 底流流量	FI207	3606 kg/h
二洗槽 S202 底流流量	FI208	3472 kg/h
三洗槽 S203 底流流量	FI209	3348 kg/h
四洗槽 S204 溢流流量	FI210	7430 kg/h
三洗槽 S203 溢流流量	FI211	7554 kg/h
二洗槽 S202 溢流流量	FI212	7687 kg/h
沉降槽溶液温度	TIV201	98.0℃
一洗槽 S201 溶液温度	TIS201	94.8℃
二洗槽 S202 溶液温度	TIS202	95.8℃
三洗槽 S202 溶液温度	TIS203	96.8℃
四洗槽 S204 溶液温度	TIS204	97.8℃

控 制 参 数	测量、控制仪表	正常工况值
沉降槽溶液液位	LIV201	70.0%
一洗槽 S201 溶液液位	LIS201	67.0%
二洗槽 S202 溶液液位	LIS202	66.5%
三洗槽 S203 溶液液位	LIS203	66.1%
四洗槽 S204 溶液液位	LIS204	65.8%
离心泵 P201A 出口压力	PIP201	0.33 MPa
离心泵 P202A 出口压力	PIP202	0.33 MPa
离心泵 P203A 出口压力	PIP203	0.33 MPa
离心泵 P204A 出口压力	PIP204	0.33 MPa

（7）完成全部实训任务后,退出仿真实训软件,关闭计算机。

（8）将生产记录表交组长签字后交指导教师。

4.3.2　赤泥洗涤冷态开车

4.3.2.1　实训目的

（1）进一步熟练掌握 IA 系统 DCS 的基本操作。

（2）熟悉赤泥洗涤工艺流程,维护各工艺参数稳定。

（3）熟练进行生产记录表的填写。

（4）学习分离沉降洗涤槽操作技能要求、絮凝剂配制系统操作技术要求、赤泥沉降分离洗涤巡检技术要求、赤泥沉降分离洗涤安全要求。

4.3.2.2　培训模式

培训模式为单机练习模式。

4.3.2.3　培训参数选择

（1）培训工艺:赤泥洗涤。

（2）培训项目:冷态开车。

（3）DCS 风格:IA 系统。

4.3.2.4　培训时间

培训时间为 90~120 min。

4.3.2.5　实训步骤

（1）启动"氧化铝生产工艺仿真系统",选择"工艺软件",选择"单机练习",进入培训参数选择界面。

（2）按要求选择培训参数。

（3）打开"赤泥洗涤知识点"窗口,学习"分离沉降洗涤槽操作技能要求"、"絮凝剂配制系统操作技术要求"、"赤泥沉降分离洗涤巡检技术要求"、"赤泥沉降分离洗涤安全要求"。

（4）填写生产记录表,每 2 min 记录一次各仪表的显示值,各阀门的开度值,发现事故,应填写事故处理栏相应内容(时间、设备名称、现象、处理程序、处理结果等)。

（5）冷态开车操作步骤及评分标准见表 4-4。

表 4-4 赤泥洗涤冷态开车操作步骤及评分标准

工 序	序 号	操 作 步 骤	评 分
冷态开车	1	打开洗涤热水控制阀的前截止阀 VB202	10
	2	打开洗涤热水控制阀的后截止阀 VB201	10
	3	打开控制阀 FV201，逐渐将其开度调至最大	10
	4	打开洗水出料阀 VB224	10
	5	打开稀释矿浆控制阀的前截止阀 VB203	10
	6	打开稀释矿浆控制阀的后截止阀 VB204	10
	7	打开控制阀 FV202，逐渐将其开度调至最大	10
	8	打开絮凝剂进料控制阀 VA210，将其开度调至 50%	10
	9	打开粗液出料阀 VB223	10
	10	当 S204 液位达到 80%后，将洗涤热水控制阀开度调至 50%	10
	11	将 FV201 投自动，SP 值设定为 7405 kg/h	10
	12	当 V201 液位达到 64%后，将稀释矿浆进料阀 FV202 开度调至 50	10
	13	当 S201 液位达到 20%，打开阀门 VA206（开度不宜过大）	10
	14	打开泵 P201A 的前截止阀 VB207	10
	15	打开泵 P201A 的电源开关	10
	16	打开泵后截止阀 VB208	10
	17	当 S201 液位达到 70%后，打开阀门 VA207（开度不宜过大）	10
	18	打开泵 P202A 的前截止阀 VB211	10
	19	打开泵 P202A 的电源开关	10
	20	打开泵 P202A 的后截止阀 VB212	10
	21	当 S202 液位达到 70%后，打开阀门 VA208（开度不宜过大）	10
	22	打开泵 P203A 的前截止阀 VB215	10
	23	打开泵 P203A 的电源开关	10
	24	打开泵 P203A 的后截止阀 VB216	10
	25	当 S203 液位达到 70%后，打开阀门 VA209（开度不宜过大）	10
	26	打开泵 P204A 的前截止阀 VB219	10
	27	打开泵 P204A 的电源开关	10
	28	打开泵 P204A 的后截止阀 VB220	10
	29	当 S204 液位达到 70%后，打开净赤泥出料控制阀的前截止阀 VB205	10
	30	打开净赤泥出料控制阀的后截止阀 VB206	10
	31	打开净赤泥出料控制阀 FV203，将其开度调至 50%	10
调节至稳定	32	调节阀门 VA209 开度，使 S204 液位稳定于 65.8%	30
	33	将 FV203 投自动，SP 值设为 3323 kg/h	10
	34	将阀门 VA209 开度调为 50%	10
	35	调节阀门 VA208 开度，使 S203 液位稳定于 66.1%	30
	36	将阀门 VA208 开度调为 50%	10
	37	调节阀门 VA207 开度，使 S202 液位稳定于 66.6%	30
	38	将阀门 VA207 开度调为 50%	10
	39	调节阀门 VA206 开度，使 S201 液位稳定于 67.1%	30
	40	将阀门 VA206 开度调为 50%	10
	41	调节阀门 FV202 开度，使 V201 液位稳定于 70%	30
	42	将 FV202 投自动，SP 值设定为 19221 kg/h	10

（6）完成全部实训任务后，退出仿真实训软件，关闭计算机。

（7）将生产记录表交组长签字后交指导教师。

4.3.3　赤泥洗涤正常停车

4.3.3.1　实训目的

（1）进一步熟练掌握 IA 系统 DCS 的基本操作。

（2）熟悉赤泥洗涤工艺流程，维护各工艺参数稳定。

（3）熟练进行生产记录表的填写。

（4）学习分离沉降洗涤槽操作技能要求、絮凝剂配制系统操作技术要求、赤泥沉降分离洗涤巡检技术要求、赤泥沉降分离洗涤安全要求。

4.3.3.2　培训模式

培训模式为单机练习模式。

4.3.3.3　培训参数选择

（1）培训工艺：赤泥洗涤。

（2）培训项目：正常停车。

（3）DCS 风格：IA 系统。

4.3.3.4　培训时间

培训时间为 30 min。

4.3.3.5　实训步骤

（1）启动"氧化铝生产工艺仿真系统"，选择"工艺软件"，选择"单机练习"，进入培训参数选择界面。

（2）按要求选择培训参数。

（3）打开"赤泥洗涤知识点"窗口，学习"分离沉降洗涤槽操作技能要求"、"絮凝剂配制系统操作技术要求"、"赤泥沉降分离洗涤巡检技术要求"、"赤泥沉降分离洗涤安全要求"。

（4）填写生产记录表，每 2 min 记录一次各仪表的显示值、各阀门的开度值，发现事故应填写事故处理栏相应内容（时间、设备名称、现象、处理程序、处理结果等）。

（5）正常停车开车操作步骤及评分标准见表 4-5。

表 4-5　赤泥洗涤正常停车操作步骤及评分标准

序　号	操 作 步 骤	评　分
1	关闭稀释矿浆进料控制阀前截止阀 VB203	10
2	关闭稀释矿浆进料控制阀后截止阀 VB204	10
3	将稀释矿浆进料控制阀 FV202 投手动后关闭此阀门	10
4	关闭絮凝剂进料控制阀 VA210	10
5	关闭洗涤热水控制阀前截止阀 VB202	10
6	关闭洗涤热水控制阀后截止阀 VB201	10
7	将洗涤热水控制阀 FV201 投手动后关闭该阀门	10
8	将净赤泥出料控制阀 FV203 投手动后将其开度调至最大	10
9	当 V201 液位为 0 时关闭泵 P201A 后阀 VB208	10

序　号	操作步骤	评　分
10	关闭泵 P201A	10
11	关闭泵 P201A 前阀 VB207	10
12	关闭阀门 VA206	10
13	关闭粗液出料阀 VB223	10
14	当 S201 液位为 0 时,关闭泵 P202A 后截止阀 VB212	10
15	关闭泵 P202A	10
16	关闭泵 P202A 前阀 VB211	10
17	关闭阀门 VA207	10
18	关闭洗水出料阀 VB224	10
19	当 S202 液位为 0 时,关闭泵 P203A 后截止阀 VB216	10
20	关闭泵 P203A	10
21	关闭泵 P203A 前阀 VB215	10
22	关闭阀门 VA208	10
23	当 S203 液位为 0 时,关闭泵 P204A 后截止阀 VB220	10
24	关闭泵 P204A	10
25	关闭泵 P204A 前阀 VB219	10
26	关闭阀门 VA209	10
27	当 S204 液位为 0 时,关闭净赤泥出料控制阀前截止阀 VB205	10
28	关闭净赤泥出料控制阀后截止阀 VB206	10
29	关闭净赤泥出料控制阀 FV203	10

(6) 完成全部实训任务后,退出仿真实训软件,关闭计算机。

(7) 将生产记录表交组长签字后交指导教师。

4.3.4　沉降槽 V201 跑浑事故处置

4.3.4.1　实训目的

(1) 进一步熟练掌握 IA 系统 DCS 的基本操作。

(2) 熟悉赤泥洗涤工艺流程,维护各工艺参数稳定。

(3) 熟练进行生产记录表的填写。

(4) 学习分离沉降洗涤槽操作技能要求、絮凝剂配制系统操作技术要求、赤泥沉降分离洗涤巡检技术要求、赤泥沉降分离洗涤安全要求。

4.3.4.2　培训模式

培训模式为单机练习模式。

4.3.4.3　培训参数选择

(1) 培训工艺:赤泥洗涤。

(2) 培训项目:沉降槽 V201 跑浑。

(3) DCS 风格:IA 系统。

4.3.4.4　培训时间

培训时间为 20 min。

4.3.4.5　实训步骤

（1）启动"氧化铝生产工艺仿真系统"，选择"工艺软件"，选择"单机练习"，进入培训参数选择界面。

（2）按要求选择培训参数。

（3）打开"赤泥洗涤知识点"窗口，学习"分离沉降洗涤槽操作技能要求"、"絮凝剂配制系统操作技术要求"、"赤泥沉降分离洗涤巡检技术要求"、"赤泥沉降分离洗涤安全要求"。

（4）填写生产记录表，每 2 min 记录一次各仪表的显示值、各阀门的开度值，发现事故应填写事故处理栏相应内容（时间、设备名称、现象、处理程序、处理结果等）。

（5）发现沉降槽 V201 跑浑事故后，按表 4-6 所列操作步骤进行事故处置。

表 4-6　沉降槽 V201 跑浑事故分析、处置步骤及评分标准

序　号	操作步骤	评　分
事故分析	原因：絮凝剂加入量不够，沉降槽内的悬浮固体不能完全沉降下去 现象：粗液混浊 解决方法：加大絮凝剂加入量	
1	将絮凝剂进料阀 VA210 开大至 80%以上	10

（6）完成全部实训任务后，退出仿真实训软件，关闭计算机。

（7）将生产记录表交组长签字后交指导教师。

4.3.5　离心泵 P201A 坏事故处置

4.3.5.1　实训目的

（1）进一步熟练掌握 IA 系统 DCS 的基本操作。

（2）熟悉赤泥洗涤工艺流程，维护各工艺参数稳定。

（3）熟练进行生产记录表的填写。

（4）学习分离沉降洗涤槽操作技能要求、絮凝剂配制系统操作技术要求、赤泥沉降分离洗涤巡检技术要求、赤泥沉降分离洗涤安全要求。

4.3.5.2　培训模式

培训模式为单机练习模式。

4.3.5.3　培训参数选择

（1）培训工艺：赤泥洗涤。

（2）培训项目：离心泵 P201A 坏。

（3）DCS 风格：IA 系统。

4.3.5.4　培训时间

培训时间为 20 min。

4.3.5.5　实训步骤

（1）启动"氧化铝生产工艺仿真系统"，选择"工艺软件"，选择"单机练习"，进入培训参数选择界面。

（2）按要求选择培训参数。

（3）打开"赤泥洗涤知识点"窗口，学习"分离沉降洗涤槽操作技能要求"、"絮凝剂配制系统操作技术要求"、"赤泥沉降分离洗涤巡检技术要求"、"赤泥沉降分离洗涤安全要求"。

（4）填写生产记录表，每2 min 记录一次各仪表的显示值、各阀门的开度值，发现事故应填写事故处理栏相应内容（时间、设备名称、现象、处理程序、处理结果等）。

（5）发现离心泵 P201A 坏事故后，按表 4-7 所列操作步骤进行事故处置。

表 4-7 离心泵 P201A 坏事故分析、处置步骤及评分标准

序　号	操 作 步 骤	评　分
事故分析	原因：离心泵 P201A 发生故障 现象：沉降槽 V201 底流为 0，液位上升。洗涤槽 S201 液位降低 解决方法：启动备用泵，关闭故障泵后检修	
1	打开备用泵 P201B 前截止阀 VB209	10
2	启动备用泵 P201B	10
3	打开备用泵 P201B 后截止阀 VB210	10
4	关闭泵 P201A 后截止阀 VB208	10
5	关闭泵 P201A，通知维修部门	10
6	关闭泵 P201A 前截止阀 VB207	10

（6）完成全部实训任务后，退出仿真实训软件，关闭计算机。

（7）将生产记录表交组长签字后交指导教师。

4.3.6 稀释矿浆进料阀 FV202 阀卡事故处置

4.3.6.1 实训目的

（1）进一步熟练掌握 IA 系统 DCS 的基本操作。

（2）熟悉赤泥洗涤工艺流程，维护各工艺参数稳定。

（3）熟练进行生产记录表的填写。

（4）学习分离沉降洗涤槽操作技能要求、絮凝剂配制系统操作技术要求、赤泥沉降分离洗涤巡检技术要求、赤泥沉降分离洗涤安全要求。

4.3.6.2 培训模式

培训模式为单机练习模式。

4.3.6.3 培训参数选择

（1）培训工艺：赤泥洗涤。

（2）培训项目：稀释矿浆进料阀 FV202 阀卡。

（3）DCS 风格：IA 系统。

4.3.6.4 培训时间

培训时间为 20 min。

4.3.6.5 实训步骤

（1）启动"氧化铝生产工艺仿真系统"，选择"工艺软件"，选择"单机练习"，进入培训参数选择界面。

（2）按要求选择培训参数。

（3）打开"赤泥洗涤知识点"窗口,学习"分离沉降洗涤槽操作技能要求"、"絮凝剂配制系统操作技术要求"、"赤泥沉降分离洗涤巡检技术要求"、"赤泥沉降分离洗涤安全要求"。

（4）填写生产记录表,每2 min记录一次各仪表的显示值、各阀门的开度值,发现事故应填写事故处理栏相应内容(时间、设备名称、现象、处理程序、处理结果等)。

（5）发现稀释矿浆进料阀FV202阀卡事故后,按表4-8所列操作步骤进行事故处置。

表4-8　稀释矿浆进料阀 FV202 阀卡事故分析、处置步骤及评分标准

序　号	操 作 步 骤	评　分
事故分析	原因:稀释矿浆进料阀FV202卡 现象:稀释矿浆进料流量减小,沉降槽V201液位降低 解决方法:关闭FV202前后阀,打开旁路阀	
1	关闭FV202前截止阀VB203	10
2	关闭FV202后截止阀VB204	10
3	将稀释矿浆进料控制阀FV202调手动后关闭	10
4	打开旁路阀VA202,调节其开度,控制稀释矿浆流量为19221 kg/h	30

（6）完成全部实训任务后,退出仿真实训软件,关闭计算机。

（7）将生产记录表交组长签字后交指导教师。

5 晶种分解仿真实训

5.1 晶种分解生产简述

晶种分解就是将铝酸钠溶液降温并加入氢氧化铝作为晶种,进行搅拌,使其析出氢氧化铝的过程,简称为种分。种分得到氢氧化铝外,会同时得到苛性比值较高的种分母液,可作为溶出铝土矿的循环母液,从而构成拜耳法生产氧化铝的闭路循环。

为了使晶种分解既能满足分解速度和分解率的要求,又能满足氢氧化铝晶体粒度的要求,就要对影响晶种分解的各个因素作分析,来确定合适的操作条件。影响晶种分解的主要因素有以下几个。

5.1.1 分解精液苛性比值的影响

在工业生产允许的浓度范围内,任何铝酸钠溶液的苛性比值较其在一定温度下平衡的苛性比值越小,则其过饱和的程度越大,自发分解的倾向也就越大。因此,铝酸钠溶液的苛性比值越小,在其他条件相同时,铝酸钠溶液的分解率和槽产能也就越高。降低分解精液的苛性比值是强化晶种分解的主要途径。

降低分解精液的苛性比值虽能大大地提高分解速度,但分解温度如果不变,分解产物氢氧化铝晶体的粒度则较细。所以,为了获得粒度合格的氢氧化铝,采用低苛性比值的分解精液进行分解时,可以让分解温度偏高,这样既可提高分解率,又得到合格氢氧化铝产品。

生产上控制分解精液的苛性比值是 1.48~1.7。

5.1.2 分解精液氧化铝浓度的影响

在一定温度制度下,当分解精液的苛性比值不变时,增加分解精液的氧化铝浓度会使铝酸钠溶液的过饱和度降低,分解速度和在一定时间内的分解率会下降,但设备的单位产能却上升。反之,则相反。因此,当其他条件相同时,分解精液的氧化铝浓度有一最佳值。

理论及实践都已证明分解精液的苛性比值越低,分解精液的过饱和度增加,分解速度加快,分解时间缩短,槽单位产能增加。所以,当分解精液的苛性比值越低时,分解精液则可以采用更大的氧化铝浓度而不影响分解速度和在一定时间内的分解率。

目前,生产上分解精液氧化铝的质量浓度一般取 100~150 g/L。

5.1.3 分解温度的影响

分解温度是影响分解过程的重要因素之一。在分解过程中,既要保证一定的分解速度和分解率,又要保证分解析出的氢氧化铝的质量要求。这与分解过程中降温制度有很大关系。

分解在较高的初温下进行时,由于铝酸钠溶液的过饱和度小,分解速度慢,分解率较低,但晶体均匀长大的速度较快,能得到较粗粒度的氢氧化铝。这是因为随着温度的升高使溶液的黏度降低,从而使溶液内部颗粒移动速度增大,促使已生成的晶体长大。相反,在较低温度下分解,溶液的黏度较大,晶核较多,虽然溶液的分解率较高,但所得的氢氧化铝颗粒较细。

在工业生产中,降温制度要根据生产的需要全面地考虑。生产粉状氧化铝时,采取急剧地降低分解初温,即将 $90 \sim 100℃$ 的分解精液迅速地降至 $60 \sim 65℃$,然后保持一定的速率降至分解终温 $40℃$ 左右的降温制度。这种降温制度,因为前期急剧降温,破坏了铝酸钠溶液的稳定性,分解速度快。这样就使晶种分解的前期生成大量的晶核,在分解后期温度下降缓慢,晶核就有足够的时间来长大。因此,产品氢氧化铝的粒度得以保证,而最终的分解率也得以提高。而对于生产砂状氧化铝时就要控制较高的分解初温($70 \sim 85℃$)和分解终温($60℃$),这样能生产出颗粒较粗而且强度较大的氢氧化铝。但分解速度减慢,分解率较低。

5.1.4　晶种的影响

在分解过程中,加入氢氧化铝晶种,使分解直接在晶种表面进行,避免了氢氧化铝晶体漫长的自发成核过程,加速了分解精液的分解速度,并且也能得到粗粒的氢氧化铝产品。

晶种的添加量通常用晶种系数(也称种子比)来表示。晶种系数是指作为晶种的氢氧化铝中的氧化铝数量与用以分解的精液中的氧化铝数量的比值。

晶种系数的大小有一最佳值。当其他条件及晶种粒度和活度相同时,提高晶种系数,晶种表面积随之增加,因而分解速度加快。但是,过高的晶种系数,一方面使氢氧化铝在生产流程中的循环量增大,带来设备及动力费用的增加;另一方面,由于种子不经洗涤,会导致种子附液进入分解精液的数量增多,从而使分解精液的苛性比值升高,分解速度于是不再提高。因此,晶种系数过高也是不利的,选择必须适当,目前,晶种系数一般为 $1.0 \sim 3.0$。

国内外绝大多数氧化铝厂都是采用循环氢氧化铝作晶种。通过分级,将细粒氢氧化铝作为晶种,粗粒氢氧化铝作为产品。

5.1.5　分解时间的影响

在一定的分解条件下,分解时间对分解速度和最终分解率是有一定影响的。在分解初期,分解速度很快,随着分解时间的延长,分解速度会越来越慢。虽然分解率仍在提高,但提高的速度越来越慢。所以,分解时间短,分解率低,氧化铝返回得多,循环母液的苛性比值低,不利于溶出,将会使一系列的技术经济指标恶化,这是不允许的。反之,为了得到高分解率而无限地延长分解时间,又会造成设备产能的降低,这也是不允许的。

5.1.6　搅拌的影响

分解槽的搅拌一般有两种形式,即机械搅拌和空气搅拌。搅拌的目的是使氢氧化铝晶种能在铝酸钠溶液中保持悬浮状态,以保证晶种与溶液有良好的接触;另一方面还使溶液的扩散速度加快,保持溶液浓度均匀,破坏溶液的稳定性,加速铝酸钠溶液的分解,并能使氢氧化铝晶体均匀长大。

搅拌速度过慢过快都是不利的。过慢不但起不到搅拌的作用,甚至还有可能造成氢氧化铝沉淀;过快则有可能把生成的氢氧化铝晶体打碎,造成氢氧化铝晶体变细。

5.1.7　杂质的影响

铝酸钠溶液中的杂质通常有氧化硅、有机物、硫酸钠和碳酸钠以及其他微量元素等。

氧化硅的存在使铝酸钠溶液的稳定性增加,阻碍分解过程的进行。但由于拜耳法精液的硅量指数一般在 $300 \sim 350$,所以二氧化硅的含量少。因此,它的影响很小。

有机物在溶液中的存在,使铝酸钠溶液的黏度增大,因而铝酸钠溶液的稳定性增加,分解速度减慢。另一方面它吸附在析出的氢氧化铝表面,阻碍氢氧化铝晶体的长大,从而造成产品氢氧化铝粒度变细的不良后果。

碳酸钠和硫酸钠浓度在溶液中增加时,溶液黏度增加,分解率下降。

综上所述,影响种分分解率和产品质量的因素虽然很多,但毕竟有主次之分。对分解操作者来说,主要是保证晶种的数量和品质,掌握好降温制度和液量平衡等。从而提高分解率和保证产品氢氧化铝的品质。

种分过程是拜耳法生产氧化铝的关键工序之一。它对产品的产量、质量以及全厂的技术经济指标有着重要的影响。

5.2 晶种分解仿真工艺流程简述

本仿真培训系统以铝酸钠溶液(分解精液)经过不断结晶生成氢氧化铝晶体的工艺作为仿真对象,其工艺流程见图5-1。

仿真范围内主要设备为板式换热器、离心泵、机械搅拌分解槽、平盘式过滤机和阀门等。

90℃的铝酸钠溶液(分解精液)经过板式换热器冷却到75℃后,控制流量为15470.9 kg/h,由离心泵输送到1号机械搅拌分解槽中。1号机械搅拌分解槽接收分解精液进料和由平盘式过滤机过滤后的晶种浆液,在搅拌的状态下开始进行结晶,2号机械搅拌分解槽接收由1号搅拌分解槽出来的浆液和由平盘式过滤机过滤后的晶种浆液,在搅拌的状态下开始结晶。3号到14号机械搅拌分解槽没有添加晶种,在接收上段分解槽出来的浆液基础上结晶。15号机械搅拌分解

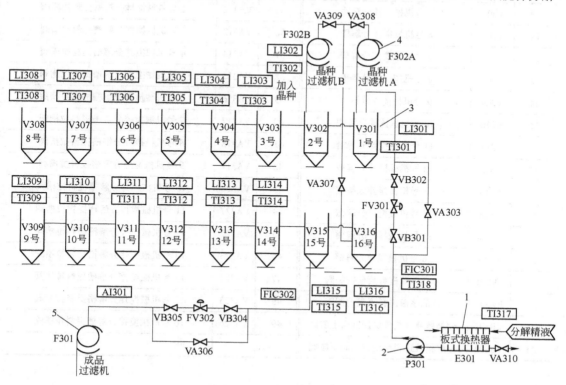

图5-1 晶种分解仿真实训工艺流程

1—板式换热器;2—分解精液进料泵;3—机械搅拌分解槽;4—晶种过滤机;5—成品过滤机

槽接收来自 14 号分解槽的浆液后,底层结晶作为成品出料,控制流量为 4375 kg/h,并由平盘式过滤机过滤出产品氢氧化铝晶体;上层浆液继续排往 16 号机械搅拌分解槽。16 号机械搅拌分解槽的晶种浆液出料后由两台平盘式过滤机过滤后,晶种分别进入 1 号和 2 号机械搅拌分解槽。

5.2.1　主要设备

晶种分解仿真实训设备如表 5-1 所示。

表 5-1　晶种分解仿真实训设备

序号	位号	名　称	序号	位号	名　称
1	F301	成品浆液平盘式过滤机	26	VA303	分解精液进料流量控制阀旁通阀
2	F302A	晶种浆液平盘式过滤机 A	27	VB304	成品浆液出料流量控制阀上游阀
3	F302B	晶种浆液平盘式过滤机 B	28	VB305	成品浆液出料流量控制阀下游阀
4	P301	分解精液进料泵	29	VA306	成品浆液出料流量控制阀旁通阀
5	E301	分解精液板式换热器	30	VA307	晶种浆液出料阀
6	V301	1 号机械搅拌分解槽	31	VA308	晶种浆液平盘式过滤机 F302A 进料阀
7	V302	2 号机械搅拌分解槽	32	VA309	晶种浆液平盘式过滤机 F302B 进料阀
8	V303	3 号机械搅拌分解槽	33	VA310	板式换热器 E301 循环冷却水阀
9	V304	4 号机械搅拌分解槽	34	VA311	1 号机械搅拌分解槽提料拉槽阀
10	V305	5 号机械搅拌分解槽	35	VA312	2 号机械搅拌分解槽提料拉槽阀
11	V306	6 号机械搅拌分解槽	36	VA313	3 号机械搅拌分解槽提料拉槽阀
12	V307	7 号机械搅拌分解槽	37	VA314	4 号机械搅拌分解槽提料拉槽阀
13	V308	8 号机械搅拌分解槽	38	VA315	5 号机械搅拌分解槽提料拉槽阀
14	V309	9 号机械搅拌分解槽	39	VA316	6 号机械搅拌分解槽提料拉槽阀
15	V310	10 号机械搅拌分解槽	40	VA317	7 号机械搅拌分解槽提料拉槽阀
16	V311	11 号机械搅拌分解槽	41	VA318	8 号机械搅拌分解槽提料拉槽阀
17	V312	12 号机械搅拌分解槽	42	VA319	9 号机械搅拌分解槽提料拉槽阀
18	V313	13 号机械搅拌分解槽	43	VA320	10 号机械搅拌分解槽提料拉槽阀
19	V314	14 号机械搅拌分解槽	44	VA321	11 号机械搅拌分解槽提料拉槽阀
20	V315	15 号机械搅拌分解槽	45	VA322	12 号机械搅拌分解槽提料拉槽阀
21	V316	16 号机械搅拌分解槽	46	VA323	13 号机械搅拌分解槽提料拉槽阀
22	FV301	分解精液进料流量控制阀	47	VA324	14 号机械搅拌分解槽提料拉槽阀
23	FV302	成品浆液出料流量控制阀	48	VA325	15 号机械搅拌分解槽提料拉槽阀
24	VB301	分解精液进料流量控制阀上游阀	49	VA326	16 号机械搅拌分解槽提料拉槽阀
25	VB302	分解精液进料流量控制阀下游阀			

5.2.2　控制仪表说明

晶种分解仿真实训控制仪表如表 5-2 所示。

表 5-2　晶种分解仿真实训控制仪表

序　号	位　号	名　称	正常情况显示值
1	FIC301	分解精液进料流量控制	15470.90 kg/h
2	FIC302	成品浆液出料流量控制	4375.00 kg/h
3	AI301	成品浆液浓度显示	479.19 g/L
4	TI301	V301 温度显示	69.00℃
5	TI302	V302 温度显示	64.00℃
6	TI303	V303 温度显示	61.00℃
7	TI304	V304 温度显示	59.00℃
8	TI305	V305 温度显示	57.00℃
9	TI306	V306 温度显示	55.00℃
10	TI307	V307 温度显示	53.00℃
11	TI308	V308 温度显示	51.00℃
12	TI309	V309 温度显示	50.00℃
13	TI310	V310 温度显示	49.00℃
14	TI311	V311 温度显示	48.00℃
15	TI312	V312 温度显示	47.00℃
16	TI313	V313 温度显示	46.50℃
17	TI314	V314 温度显示	46.00℃
18	TI315	V315 温度显示	45.50℃
19	TI316	V316 温度显示	45.00℃
20	TI317	分解精液换热前温度显示	90.00℃
21	TI318	分解精液换热后温度显示	75.00℃
22	LI301	V301 液位显示	80.00%
23	LI302	V302 液位显示	80.00%
24	LI303	V303 液位显示	80.00%
25	LI304	V304 液位显示	80.00%
26	LI305	V305 液位显示	80.00%
27	LI306	V306 液位显示	80.00%
28	LI307	V307 液位显示	80.00%
29	LI308	V308 液位显示	80.00%
30	LI309	V309 液位显示	80.00%
31	LI310	V310 液位显示	80.00%
32	LI311	V311 液位显示	80.00%
33	LI312	V312 液位显示	80.00%
34	LI313	V313 液位显示	80.00%
35	LI314	V314 液位显示	80.00%
36	LI315	V315 液位显示	80.00%
37	LI316	V316 液位显示	80.00%

5.3　晶种分解仿真实训项目

5.3.1　晶种分解正常工况巡检

5.3.1.1　实训目的

(1) 学习 CS3000 系统 DCS 的基本操作。

(2) 熟悉晶种分解工艺流程,维护各工艺参数稳定。

(3) 熟练进行生产记录表的填写。

(4) 学习分解槽开车前准备工作技能要求、分解槽巡检工作技能要求、晶种分解取样工作的技能要求、分解槽结疤情况处理的技能要求。

5.3.1.2　培训模式

培训模式为单机练习模式。

5.3.1.3　培训参数选择

(1) 培训工艺:晶种分解。

(2) 培训项目:正常工况。

(3) DCS 风格:CS3000。

5.3.1.4　培训时间

培训时间为 30~45 min。

5.3.1.5　实训步骤

(1) 启动"氧化铝生产工艺仿真系统",选择"工艺软件",选择"单机练习",进入培训参数选择界面。

(2) 按要求选择培训参数。

(3) 打开"晶种分解知识点"窗口,学习"分解槽开车前准备工作技能要求"、"分解槽巡检工作技能要求"、"晶种分解取样工作的技能要求"、"分解槽结疤情况处理的技能要求"。

(4) 切换"晶种分解 DCS"和"晶种分解现场"两个界面,观察各个生产设备、阀门、仪表的状态,填写生产记录表,按物料流动的方向,每 5 min 记录一次各仪表的显示值、各阀门的开度值,发现事故应填写事故处理栏相应内容(时间、设备名称、现象、处理程序、处理结果等)。

(5) 轻微调节各阀门的开度值,观察各仪表的变化情况,分析数据变化的原因。

(6) 通过调节,使生产工艺参数稳定在表 5-3 所列的正常工况值。

表 5-3　晶种分解仿真工艺正常工况值

控制参数	测量、控制仪表	正常工况值
分解精液进料流量	FIC301	15470.89 kg/h
成品浆液出料流量	FIC302	4374.99 kg/h
成品浆液出料浓度	AI301	479.19 g/L
板式换热器分解精液换热前温度	TI317	90.00℃
板式换热器分解精液换热后温度	TI318	75.00℃
1 号机械搅拌分解槽温度	TI301	69.00℃
2 号机械搅拌分解槽温度	TI302	64.00℃
3 号机械搅拌分解槽温度	TI303	61.00℃

控制参数	测量、控制仪表	正常工况值
4 号机械搅拌分解槽温度	TI304	59.00℃
5 号机械搅拌分解槽温度	TI305	57.00℃
6 号机械搅拌分解槽温度	TI306	55.00℃
7 号机械搅拌分解槽温度	TI307	53.00℃
8 号机械搅拌分解槽温度	TI308	51.00℃
9 号机械搅拌分解槽温度	TI309	50.00℃
10 号机械搅拌分解槽温度	TI310	49.00℃
11 号机械搅拌分解槽温度	TI311	48.00℃
12 号机械搅拌分解槽温度	TI312	47.00℃
13 号机械搅拌分解槽温度	TI313	46.50℃
14 号机械搅拌分解槽温度	TI314	46.00℃
15 号机械搅拌分解槽温度	TI315	45.50℃
16 号机械搅拌分解槽温度	TI316	45.00℃
1~16 号机械搅拌分解槽液位	LI301~LI316	80%

（7）完成全部实训任务后，退出仿真实训软件，关闭计算机。

（8）将生产记录表交组长签字后交指导教师。

5.3.2 晶种分解冷态开车

5.3.2.1 实训目的

（1）学习 CS3000 系统 DCS 的基本操作。

（2）熟悉晶种分解工艺流程，维护各工艺参数稳定。

（3）熟练进行生产记录表的填写。

（4）学习分解槽开车前准备工作技能要求、分解槽巡检工作技能要求、晶种分解取样工作的技能要求、分解槽结疤情况处理的技能要求。

5.3.2.2 培训模式

培训模式为单机练习模式。

5.3.2.3 培训参数选择

（1）培训工艺：晶种分解。

（2）培训项目：冷态开车。

（3）DCS 风格：CS3000。

5.3.2.4 培训时间

培训时间为 90~120 min。

5.3.2.5 实训步骤

（1）启动"氧化铝生产工艺仿真系统"，选择"工艺软件"，选择"单机练习"，进入培训参数选择界面。

（2）按要求选择培训参数。

（3）打开"晶种分解知识点"窗口，学习"分解槽开车前准备工作技能要求"、"分解槽巡检工作技能要求"、"晶种分解取样工作的技能要求"、"分解槽结疤情况处理的技能要求"。

（4）填写生产记录表，每 2min 记录一次各仪表的显示值，各阀门的开度值，发现事故，应填写事故处理栏相应内容（时间、设备名称、现象、处理程序、处理结果等）。

（5）冷态开车操作步骤及评分标准见表 5-4。

表 5-4　晶种分解冷态开车操作步骤及评分标准

工　序	序　号	操　作　步　骤	评　分
分解精液进料	1	打开板式换热器 E301 冷却水阀门 VA310,开度为 50%	10
	2	打开分解精液进料泵 P301 电源开关,开启 P301	10
	3	打开分解精液进料调节阀前截止阀 VB301	10
	4	打开分解精液进料调节阀后截止阀 VB302	10
	5	打开分解精液进料控制阀 FV301	10
	6	当 FIC301 显示流量接近 15470.89 kg/h 时,将 FIC301 投自动	10
	7	将 FIC301 设定值设为 15470.89 kg/h	10
	8	分解精液进料流量稳定在 15470.89 kg/h	30
	9	换热后的分解精液温度 TI318 在 75℃左右	30
分解槽的投用	10	当 V301 液位超过 20% 时,开启 V301 搅拌器电源	10
	11	当 V302 液位超过 20% 时,开启 V302 搅拌器电源	10
	12	当 V303 液位超过 20% 时,开启 V303 搅拌器电源	10
	13	当 V304 液位超过 20% 时,开启 V304 搅拌器电源	10
	14	当 V305 液位超过 20% 时,开启 V305 搅拌器电源	10
	15	当 V306 液位超过 20% 时,开启 V306 搅拌器电源	10
	16	当 V307 液位超过 20% 时,开启 V307 搅拌器电源	10
	17	当 V308 液位超过 20% 时,开启 V308 搅拌器电源	10
	18	当 V309 液位超过 20% 时,开启 V309 搅拌器电源	10
	19	当 V310 液位超过 20% 时,开启 V310 搅拌器电源	10
	20	当 V311 液位超过 20% 时,开启 V311 搅拌器电源	10
	21	当 V312 液位超过 20% 时,开启 V312 搅拌器电源	10
	22	当 V313 液位超过 20% 时,开启 V313 搅拌器电源	10
	23	当 V314 液位超过 20% 时,开启 V314 搅拌器电源	10
成品浆液的出料	24	当 V315 液位超过 20% 时,开启 V315 搅拌器电源	10
	25	打开成品浆液平盘式过滤机 F301	10
	26	当 V315 液位接近 80% 时,打开成品浆液出料控制阀上游阀 VB304	10
	27	打开成品浆液出料控制阀后截止阀 VB305	10
	28	打开成品浆液出料控制阀 FV302	10
	29	当 FIC302 显示流量接近 4374.99 kg/h 时,将 FIC302 投自动	10
	30	将 FIC302 设定值设为 4374.99 kg/h	10
	31	将成品浆液流量稳定在 4374.99 kg/h	30

续表5-4

工　序	序　号	操作步骤	评　分
晶种的添加	32	当 V316 液位超过 20%时,开启 V316 搅拌器电源	10
	33	当 V316 液位接近 80%时,全开阀门 VA307	10
	34	开启平盘式过滤机 F302A 电源,启动 F302A	10
	35	打开阀门 VA308,开度为 50%	10
	36	开启平盘式过滤机 F302B 电源,启动 F302B	10
	37	打开阀门 VA309,开度为 50%	10

(6)完成全部实训任务后,退出仿真实训软件,关闭计算机。

(7)将生产记录表交组长签字后交指导教师。

5.3.3 晶种分解正常停车

5.3.3.1 实训目的

(1)学习 CS3000 系统 DCS 的基本操作。

(2)熟悉晶种分解工艺流程,维护各工艺参数稳定。

(3)熟练进行生产记录表的填写。

(4)学习分解槽开车前准备工作技能要求、分解槽巡检工作技能要求、晶种分解取样工作的技能要求、分解槽结疤情况处理的技能要求。

5.3.3.2 培训模式

培训模式为单机练习模式。

5.3.3.3 培训参数选择

(1)培训工艺:晶种分解。

(2)培训项目:正常停车。

(3)DCS 风格:CS3000。

5.3.3.4 培训时间

培训时间为 20 min。

5.3.3.5 实训步骤

(1)启动"氧化铝生产工艺仿真系统",选择"工艺软件",选择"单机练习",进入培训参数选择界面。

(2)按要求选择培训参数。

(3)打开"晶种分解知识点"窗口,学习"分解槽开车前准备工作技能要求"、"分解槽巡检工作技能要求"、"晶种分解取样工作的技能要求"、"分解槽结疤情况处理的技能要求"。

(4)填写生产记录表,每 2 min 记录一次各仪表的显示值、各阀门的开度值,发现事故应填写事故处理栏相应内容(时间、设备名称、现象、处理程序、处理结果等)。

(5)正常停车操作步骤及评分标准见表 5-5。

表 5-5　晶种分解正常停车操作步骤及评分标准

工　序	序　号	操　作　步　骤	评　分
分解精液停止进料	1	将 FIC301 设为手动	10
	2	关闭分解精液进料控制阀 FV301	10
	3	关闭泵 P301	10
	4	关闭循环冷却水阀 VA310	10
	5	关闭阀门 VB301	10
	6	关闭阀门 VB302	10
停止添加晶种	7	当 V316 液位低于 20%时,关闭 V316 搅拌电源	10
	8	当 V316 液位低于 20%时,关闭阀门 VA308	10
	9	关闭 F302A 电源	10
	10	当 V316 液位低于 20%时,关闭阀门 VA309	10
	11	关闭 F302B 电源	10
	12	关闭阀门 VA307	10
停止出料	13	当 V315 液位低于 20%时,关闭 V315 搅拌电源	10
	14	当 V315 液位低于 20%时,关闭 FV302	10
	15	关闭平盘式过滤机 F301 电源	10
	16	关闭阀门 VB304	10
	17	关闭阀门 VB305	10
停止搅拌	18	打开 VA311,开始 V301 的拉槽排料	10
	19	当 V301 液位低于 20%时,关闭 V301 搅拌电源	10
	20	打开 VA312,开始 V302 的拉槽排料	10
	21	当 V302 液位低于 20%时,关闭 V302 搅拌电源	10
	22	打开 VA313,开始 V303 的拉槽排料	10
	23	当 V303 液位低于 20%时,关闭 V303 搅拌电源	10
	24	打开 VA314,开始 V304 的拉槽排料	10
	25	当 V304 液位低于 20%时,关闭 V304 搅拌电源	10
	26	打开 VA315,开始 V305 的拉槽排料	10
	27	当 V305 液位低于 20%时,关闭 V305 搅拌电源	10
	28	打开 VA316,开始 V306 的拉槽排料	10
	29	当 V306 液位低于 20%时,关闭 V306 搅拌电源	10
	30	打开 VA317,开始 V307 的拉槽排料	10
	31	当 V307 液位低于 20%时,关闭 V307 搅拌电源	10
	32	打开 VA318,开始 V308 的拉槽排料	10
	33	当 V308 液位低于 20%时,关闭 V308 搅拌电源	10
	34	打开 VA319,开始 V309 的拉槽排料	10
	35	当 V309 液位低于 20%时,关闭 V309 搅拌电源	10
	36	打开 VA320,开始 V310 的拉槽排料	10

续表 5-5

工 序	序 号	操 作 步 骤	评 分
停止搅拌	37	当 V310 液位低于 20%时,关闭 V310 搅拌电源	10
	38	打开 VA321,开始 V311 的拉槽排料	10
	39	当 V311 液位低于 20%时,关闭 V311 搅拌电源	10
	40	打开 VA322,开始 V312 的拉槽排料	10
	41	当 V312 液位低于 20%时,关闭 V312 搅拌电源	10
	42	打开 VA323,开始 V313 的拉槽排料	10
	43	当 V313 液位低于 20%时,关闭 V313 搅拌电源	10
	44	打开 VA324,开始 V314 的拉槽排料	10
	45	当 V314 液位低于 20%时,关闭 V314 搅拌电源	10
	46	当 V315 液位低于 20%时,打开 VA325,开始 V315 的拉槽排料	10
	47	当 V316 液位低于 20%时,打开 VA326,开始 V316 的拉槽排料	10
排料完毕	48	当 V301~V316 液位降低为 0 时,依次关闭阀门 VA311~VA326	160

(6) 完成全部实训任务后,退出仿真实训软件,关闭计算机。

(7) 将生产记录表交组长签字后交指导教师。

5.3.4 分解精液进料阀卡事故处置

5.3.4.1 实训目的

(1) 学习 CS3000 系统 DCS 的基本操作。

(2) 熟悉晶种分解工艺流程,维护各工艺参数稳定。

(3) 熟练进行生产记录表的填写。

(4) 学习分解槽开车前准备工作技能要求、分解槽巡检工作技能要求、晶种分解取样工作的技能要求、分解槽结疤情况处理的技能要求。

5.3.4.2 培训模式

培训模式为单机练习模式。

5.3.4.3 培训参数选择

(1) 培训工艺:晶种分解。

(2) 培训项目:分解精液进料阀卡。

(3) DCS 风格:CS3000。

5.3.4.4 培训时间

培训时间为 20 min。

5.3.4.5 实训步骤

(1) 启动"氧化铝生产工艺仿真系统",选择"工艺软件",选择"单机练习",进入培训参数选择界面。

(2) 按要求选择培训参数。

(3) 打开"晶种分解知识点"窗口,学习"分解槽开车前准备工作技能要求"、"分解槽巡检工作技能要求"、"晶种分解取样工作的技能要求"、"分解槽结疤情况处理的技能要求"。

(4) 填写生产记录表,每 2 min 记录一次各仪表的显示值、各阀门的开度值,发现事故应填写事故处理栏相应内容(时间、设备名称、现象、处理程序、处理结果等)。

(5) 发现分解精液进料阀卡事故后,按表 5-6 所列操作步骤进行事故处置。

表 5-6　分解精液进料阀卡事故分析、处置步骤及评分标准

序　号	操作步骤	评　分
事故分析	原因:分解精液进料阀 FV301 卡 现象:分解精液进料流量减小,分解槽 V301 液位降低 解决方法:关闭 FV301 前后阀,打开旁路阀	
1	打开分解精液进料阀 FV301 的旁通阀 VA303	10
2	将 FIC301 设为手动模式	10
3	将 FIC301 的开度设为 0	10
4	关闭 FV301 前截止阀 VB301	10
5	关闭 FV301 后截止阀 VB302	10
6	调整分解精液流量为 15470.89 kg/h	30

(6) 完成全部实训任务后,退出仿真实训软件,关闭计算机。

(7) 将生产记录表交组长签字后交指导教师。

5.3.5　换热器循环水压力低事故处置

5.3.5.1　实训目的

(1) 学习 CS3000 系统 DCS 的基本操作。

(2) 熟悉晶种分解工艺流程,维护各工艺参数稳定。

(3) 熟练进行生产记录表的填写。

(4) 学习分解槽开车前准备工作技能要求、分解槽巡检工作技能要求、晶种分解取样工作的技能要求、分解槽结疤情况处理的技能要求。

5.3.5.2　培训模式

培训模式为单机练习模式。

5.3.5.3　培训参数选择

(1) 培训工艺:晶种分解。

(2) 培训项目:换热器循环水压力低。

(3) DCS 风格:CS3000。

5.3.5.4　培训时间

培训时间为 20 min。

5.3.5.5　实训步骤

(1) 启动"氧化铝生产工艺仿真系统",选择"工艺软件",选择"单机练习",进入培训参数选择界面。

(2) 按要求选择培训参数。

(3) 打开"晶种分解知识点"窗口,学习"分解槽开车前准备工作技能要求"、"分解槽巡检工作技能要求"、"晶种分解取样工作的技能要求"、"分解槽结疤情况处理的技能要求"。

(4) 填写生产记录表,每 2 min 记录一次各仪表的显示值、各阀门的开度值,发现事故应填写事故处理栏相应内容(时间、设备名称、现象、处理程序、处理结果等)。

（5）发现换热器循环水压力低事故后，按表5-7所列操作步骤进行事故处置。

表5-7 换热器循环水压力低事故分析、处置步骤及评分标准

序　号	操作步骤	评　分
事故分析	原因：板式换热器 E301 循环水阀被减小、循环水压力减小 现象：板式换热器分解精液换热后温度升高 解决方法：手动调整板式换热器 E301 循环水阀	
1	手动调整板式换热器 E301 循环水阀	10
2	使分解精液进料温度稳定在 75℃ 左右	30

（6）完成全部实训任务后，退出仿真实训软件，关闭计算机。

（7）将生产记录表交组长签字后交指导教师。

6 多效蒸发仿真实训

6.1 多效蒸发生产简述

在拜耳法生产氧化铝过程中,由于赤泥的洗涤、氢氧化铝的洗涤以及蒸汽直接加热等使多余的水进入到生产流程中。在管道溶出时,氧化铝的溶出率是随着循环母液苛性碱浓度的提高而上升的,如果不蒸发多余的水,就会导致循环母液浓度的降低,氧化铝析出率下降。因此,必须排除在生产过程中加入的多余水分来保持生产系统的液量平衡,使生产顺利进行。拜耳法流程中多余水分的排除,有四种途径:(1)作为赤泥的附液而排除;(2)作为氢氧化铝的附液而排除;(3)作为自蒸发气体而排除;(4)蒸发过程的排除。这四种途径中,前三种排除的水分量较少,而绝大多数水分靠蒸发排除。

通常,无论在常压、加压或真空下进行蒸发,在单效蒸发器中每蒸发 1 kg 的水要消耗比 1 kg多一些的加热蒸汽。因此在大规模工业生产过程中,蒸发大量的水分必需消耗大量的加热蒸汽。为了减少加热蒸汽消耗量,可采用多效蒸发操作。

将加热蒸汽通入一蒸发器,则液体受热而沸腾,所产生的二次蒸汽,其压力和温度必较原加热蒸汽(为了易于区别,在多效蒸发中,常将第一效的加热蒸汽称为新蒸汽)的为低。因此可引入前效的二次蒸汽作为后效的加热介质,即后效的加热室成为前效二次蒸汽的冷凝器,仅第一效需要消耗新蒸汽,这就是多效蒸发的操作原理。一般多效蒸发装置的末效或后几效总是在真空下操作。将多个蒸发器这样连接起来一同操作,即组成一个多效蒸发器。每一蒸发器称为一效,通入新蒸汽的蒸发器称为第一效,利用第一效的二次蒸汽加热的,称为第二效,依此类推。由于各效(末效除外)的二次蒸汽都作为下一效蒸发器的加热蒸汽,故提高了新蒸汽的利用率(又称为经济程度),即单效蒸发或多效蒸发装置中所蒸发的水量相等.则前者需要的新蒸汽量远大于后者。例如,若第一效为沸点进料,并忽略热损失、各种温度差损失以及不同压力下蒸发潜热的差别,则理论上在双效蒸发中,1 kg 的加热蒸汽在第一效中可以产生 1 kg 的二次蒸汽,后者在第二效中又可蒸发 1 kg 的水,因此,1 kg 的加热蒸汽在双效中可以蒸发 2 kg 的水,则 $D/W=0.5$。同理,在三效蒸发器中,1 kg 的加热蒸汽可蒸发 3 kg 的水,则 $D/W=0.333$。但实际上由于热损失,温度差损失等原因,单位蒸汽消耗量并不能达到如此经济的数值。

多效蒸发操作加料有四种不同的方法:并流法、逆流法、错流法和平流法。工业中最常用的为并流加料法。溶液流向与蒸汽相同,即由第一效顺序流至末效。因为后一效蒸发室的压力较前一效为低,故各效之间可毋需用泵输送溶液,此为并流法的优点之一。其另一优点为前一效的溶液沸点较后一效的为高,因此当溶液自前一效进入后一效内,即成过热状态而自行蒸发,可以发生更多的二次蒸汽,使能在次一效蒸发更多的溶液。

6.2 多效蒸发仿真工艺流程简述

本仿真培训系统以 $Na_2O_{\text{苛}}$ 稀溶液四效并流蒸发的工艺作为仿真对象。

仿真范围内主要设备为蒸发器、换热器、真空泵、简单罐和阀门等。

原料 $Na_2O_{荷}$ 稀溶液经流量调节器 FIC601 控制流量(15368 kg/h)后,进入蒸发器 F601A,料液受热而沸腾,产生 151.7℃的二次蒸汽,料液从蒸发器底部经阀门 LV601 流入第二效蒸发器 F601B。压力为 5 atm,温度为 250℃的加热蒸汽经流量调节器 FIC602 控制流量(3066.73 kg/h)后,进入 F601A 加热室的壳程,冷凝成水后经阀门 VA615 排出。第一效蒸发器 F601A 蒸发室压力控制在 4.93 atm,溶液的液面高度通过液位控制器 LIC601 控制在 50%。第一效蒸发器产生的二次蒸汽经过蒸发器顶部阀门 VA607 后,进入第二效蒸发器 F601B 加热室的壳程,冷凝成水后经阀门 VA616 排出。从第一效流入第二效的料液,受热汽化产生 143.8℃的二次蒸汽,料液从蒸发器底部经阀门 LV602 流入第三效蒸发器 F601C。第二效蒸发器 F601B 蒸发室压力控制在 3.22atm,溶液的液面高度通过液位控制器 LIC602 控制在 50%。第二效蒸发器产生的二次蒸汽经过蒸发器顶部阀门 VA608 后,进入第三效蒸发器 F601C 加热室的壳程,冷凝成水后经阀门 VA617 排出。从第二效流入第三效的料液,受热汽化产生 124.5℃的二次蒸汽,料液从蒸发器底部经阀门 LV603 流入第四效蒸发器 F601D。第三效蒸发器 F601C 蒸发室压力控制在 1.60atm,溶液的液面高度通过液位控制器 LIC603 控制在 50%。第四效蒸发器产生的二次蒸汽经过蒸发器顶部阀门 VA610 后,进入冷凝器,冷凝成水后经阀门 VA619 排出。从第三效流入第四效的料液,受热汽化产生 86.8℃的二次蒸汽,料液从蒸发器底部经阀门 LV604 流入积液罐 F602。第四效蒸发器 F601D 蒸发室压力控制在 0.24atm,溶液的液面高度通过液位控制器 LIC604 控制在 50%。完成液不满足工业生产要求时,经阀门 VA612 卸液。真空泵用于保持蒸发装置的末效或后几效在真空下操作。

图 6-1 为多效蒸发单元工艺流程图。

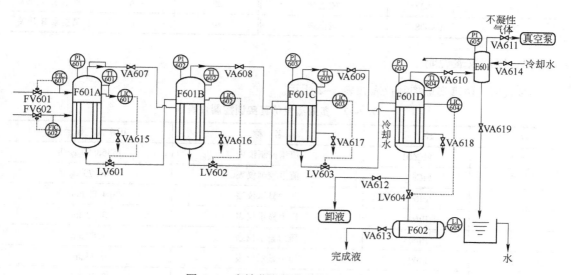

图 6-1 多效蒸发仿真实训工艺流程

6.2.1 主要设备

多效蒸发仿真实训设备如表 6-1 所示。

表6-1 多效蒸发仿真实训设备

序 号	位 号	名 称	序 号	位 号	名 称
1	F601A	第一效蒸发器	21	VA609	截止阀
2	F601B	第二效蒸发器	22	VA610	截止阀
3	F601C	第三效蒸发器	23	VA611	截止阀
4	F601D	第四效蒸发器	24	VA612	截止阀
5	F602	储液罐	25	VA613	截止阀
6	E601	换热器	26	VA614	截止阀
7	FV601	流量控制阀	27	VB601	球 阀
8	FV602	流量控制阀	28	VB602	球 阀
9	LV601	液位控制阀	29	VB603	球 阀
10	LV602	液位控制阀	30	VB604	球 阀
11	LV603	液位控制阀	31	VB605	球 阀
12	LV604	液位控制阀	32	VB606	球 阀
13	VA601	截止阀	33	VB607	球 阀
14	VA602	截止阀	34	VB608	球 阀
15	VA603	截止阀	35	VB609	球 阀
16	VA604	截止阀	36	VB610	球 阀
17	VA605	截止阀	37	VB611	球 阀
18	VA606	截止阀	38	VB612	球 阀
19	VA607	截止阀	39	A	真空泵 A 开关
20	VA608	截止阀	40	B	真空泵 B 开关

6.2.2 控制仪表说明

多效蒸发仿真实训控制仪表如表6-2所示。

表6-2 多效蒸发仿真实训控制仪表

序 号	位 号	名 称	正常情况显示值
1	FIC601	流量控制仪表	15368.87 kg/h
2	FIC602	流量控制仪表	3066.73 kg/h
3	PI601	压力显示仪表	4.93atm
4	PI602	压力显示仪表	3.22atm
5	PI603	压力显示仪表	1.60atm
6	PI604	压力显示仪表	0.24atm
7	PI605	压力显示仪表	0.20atm
8	TI601	温度显示仪表	151.7℃
9	TI602	温度显示仪表	143.8℃
10	TI603	温度显示仪表	124.5℃
11	TI604	温度显示仪表	86.8℃

序　号	位　号	名　称	正常情况显示值
12	LIC601	液位控制仪表	50%
13	LIC602	液位控制仪表	50%
14	LIC603	液位控制仪表	50%
15	LIC604	液位控制仪表	50%
16	LI605	液位显示仪表	50%

6.3　多效蒸发仿真实训项目

6.3.1　多效蒸发正常工况巡检

6.3.1.1　实训目的
（1）进一步熟练掌握通用 DCS 的操作。
（2）熟悉多效蒸发工艺流程，维护各工艺参数稳定。
（3）熟练进行生产记录表的填写。
（4）学习蒸发器技能要求、真空泵操作规程、母液蒸发巡回检查工作。
（5）学会在生产巡检中及时发现生产事故，判断事故原因，按正确操作规程处理事故的能力。

6.3.1.2　培训模式
培训模式为局域网模式。

6.3.1.3　培训参数选择
（1）培训工艺：多效蒸发。
（2）培训项目：正常工况。
（3）DCS 风格：通用 DCS。

6.3.1.4　培训时间
培训时间为 30~45 min。

6.3.1.5　实训步骤
（1）教师启动教师站程序，添加一个新培训室，设置培训策略为自由练习、权限为自由培训授权，开放此新培训室。
（2）学员启动"氧化铝生产工艺仿真系统"，选择"工艺软件"，选择"局域网模式"，进行网络登录，进入教师设置的新培训室中。
（3）按要求选择培训参数。
（4）打开"多效蒸发知识点"窗口，学习"蒸发器技能要求"、"真空泵操作规程"、"母液蒸发巡回检查工作"。
（5）切换"多效蒸发 DCS"和"多效蒸发现场"两个界面，观察各个生产设备、阀门、仪表的状态，填写生产记录表，按物料流动的方向，每 5 min 记录一次各仪表的显示值、各阀门的开度值。
（6）教师在教师站对学员随机下发阀门事故、机泵事故等常见事故，观察学员处置事故的情况，并加以指导。
（7）学员发现事故，应及时做出判断，并进行事故处置，使生产工艺参数稳定在表 6-3 所列的正常工况值；同时填写事故处理栏相应内容（时间、设备名称、现象、处理程序、处理结果等）。

表 6-3　多效蒸发仿真工艺正常工况值

控 制 参 数	测量、控制仪表	正常工况值
原料液入口流量	FIC601	15368 kg/h
加热蒸汽流量	FIC602	3066.73 kg/h
第一效蒸发室压力	PI601	4.93atm
第一效蒸发室二次蒸汽温度	TI601	151.7℃
第一效加热室液位	LIC601	50%
第二效蒸发室压力	PI602	3.22atm
第二效蒸发室二次蒸汽温度	TI602	143.8℃
第二效加热室液位	LIC602	50%
第三效蒸发室压力	PI603	1.60atm
第三效蒸发室二次蒸汽温度	TI603	124.5℃
第三效加热室液位	LIC603	50%
第四效蒸发室压力	PI604	0.24atm
第四效蒸发室二次蒸汽温度	TI604	86.8℃
第四效加热室液位	LIC604	50%
冷凝器压力	PI605	0.20atm

（8）完成全部实训任务后,退出仿真实训软件,关闭计算机。

（9）将生产记录表交组长签字后交指导教师。

6.3.2　多效蒸发冷态开车

6.3.2.1　实训目的

（1）进一步熟练掌握通用 DCS 的操作。

（2）熟悉多效蒸发工艺流程,维护各工艺参数稳定。

（3）熟练进行生产记录表的填写。

（4）学习蒸发器技能要求、真空泵操作规程、母液蒸发巡回检查工作。

（5）通过团队配合完成生产任务,培养学员团队合作的精神。

6.3.2.2　培训模式

培训模式为局域网模式。

6.3.2.3　培训参数选择

（1）培训工艺:多效蒸发。

（2）培训项目:冷态开车。

（3）DCS 风格:通用 DCS。

6.3.2.4　培训时间

培训时间为 60~90 min。

6.3.2.5　实训步骤

（1）对培训学员进行分组,视学员人数取 5~10 人一组。每组设置组长 1~2 人。

（2）教师讲解多效蒸发冷态开车操作规程,之后各组学员分组讨论 5~10 min,由组长安排组员负责操作或监控流程中的各个设备、仪表及生产记录表填写。

（3）教师启动教师站程序，根据学员组数添加相应数量新培训室，设置培训策略为自由练习、权限为联合操作授权，开放这些新培训室。

（4）各组学员启动"氧化铝生产工艺仿真系统"，选择"工艺软件"，选择"局域网模式"，进行网络登录，按照所在组别进入教师设置的相应培训室中。

（5）各组学员按要求选择培训参数。

（6）每个学员按照自己接受的任务，按表6-4所列冷态开车操作步骤进行操作，组长负责协调小组中各个成员的行动，并按要求填写生产记录表。

表6-4　多效蒸发冷态开车操作步骤及评分标准

工　序	序　号	操作步骤	评　分
开车前准备	1	开冷却水入口阀门 VA614	10
	2	开真空泵 A	10
	3	开真空泵阀门 VA611，开度为50%，控制冷凝器压力在 0.20atm（绝压）	10
	4	开阀门 VA610，使末效蒸发器压力为负压	10
	5	开排冷凝水阀门 VA619	10
	6	开疏水阀 VA615	10
	7	开疏水阀 VA616	10
	8	开疏水阀 VA617	10
	9	开疏水阀 VA618	10
冷物流进料	10	打开 FV601 的前截止阀	10
	11	打开 FV601 的后截止阀	10
	12	手动逐渐打开冷物料进口阀门 FV601	10
	13	打开 LV601 的前截止阀	10
	14	打开 LV601 的后截止阀	10
	15	F101A 液位接近50%时，开阀门 LV601	10
	16	打开 LV602 的前截止阀	10
	17	打开 LV602 的后截止阀	10
	18	F601B 液位接近50%时，开阀门 LV602	10
	19	打开 LV603 的前截止阀	10
	20	打开 LV603 的后截止阀	10
	21	F601C 液位接近50%时，开阀门 LV603	10
	22	调整阀门 VA612 的开度，使 LIC604 显示大于0且不至于满罐	10
热物流进料	23	打开 FV602 的前截止阀	10
	24	打开 FV602 的后截止阀	10
	25	手动逐渐开大热物流进口阀 FV602 开度，控制流量在 3066 kg/h 左右	10
	26	F601A 压力有明显上升时，逐渐打开阀门 VA607	10
	27	F601B 压力有明显上升时，逐渐打开阀门 VA608	10
	28	F601C 压力有明显上升时，逐渐打开阀门 VA609	10

工　序	序　号	操 作 步 骤	评 分
	29	调整阀门 VA607 开度,使 F601A 压力控制在 4.93atm,温度控制在 151.7℃	10
	30	调整阀门 VA608 开度,使 F601B 压力控制在 3.22atm,温度控制在 143.8℃	10
	31	调整阀门 VA609 开度,使 F601C 压力控制在 1.60atm,温度控制在 124.5℃	10
	32	F601D 温度控制在 86.8 左右	10
	33	流量控制器 FIC601 投自动	10
	34	流量控制 FIC601 的 SP 值设为 15368.87 kg/h	10
	35	流量控制器 FIC602 投自动	10
	36	流量控制 FIC602 的 SP 值设为 3066 kg/h	10
	37	F601A 液位接近 50%时,投自动	10
	38	液位控制器 LIC601 的 SP 值设为 50	10
	39	F601B 液位接近 50%时,投自动	10
	40	液位控制器 LIC602 的 SP 值设为 50	10
	41	F601C 液位接近 50%时,投自动	10
	42	液位控制器 LIC603 的 SP 值设为 50	10
调节至正常	43	F601A 压力稳定在 4.93atm	30
	44	F601A 温度稳定在 151.7℃	30
	45	F601B 压力稳定在 3.22atm	30
	46	F601B 温度稳定在 143.8℃	30
	47	F601C 压力稳定在 1.60atm	30
	48	F601C 温度稳定在 124.5℃	30
	49	F601D 温度稳定在 86.8℃	30
	50	F601A 出口液浓度为 0.13	30
	51	F601B 出口液浓度为 0.15	30
	52	F601C 出口液浓度为 0.17	30
	53	F601D 出口液浓度为 0.21	30
	54	待 F101D 的浓度接近 0.21 时,关闭阀门 VA612	10
	55	打开 LV604 的前截止阀	10
	56	打开 LV604 的后截止阀	10
	57	F601D 液位接近 50%时,LIC604 投自动	10
	58	液位控制器 LIC604 的 SP 值设为 50	10
	59	调节阀门 VA613,使 F602 液位在 50%左右	10

（7）完成全部实训任务后,退出仿真实训软件,关闭计算机。

（8）各小组生产记录表由组长签字后交指导教师。

6.3.3　多效蒸发正常停车

6.3.3.1　实训目的

（1）进一步熟练掌握通用 DCS 的操作。

（2）熟悉多效蒸发工艺流程，维护各工艺参数稳定。

（3）熟练进行生产记录表的填写。

（4）学习蒸发器技能要求、真空泵操作规程、母液蒸发巡回检查工作。

（5）通过团队配合完成生产任务，培养学员团队合作的精神。

6.3.3.2 培训模式

培训模式为局域网模式。

6.3.3.3 培训参数选择

（1）培训工艺：多效蒸发。

（2）培训项目：正常停车。

（3）DCS 风格：通用 DCS。

6.3.3.4 培训时间

培训时间为 30~45 min。

6.3.3.5 实训步骤

（1）对培训学员进行分组，视学员人数取 5~10 人一组。每组设置组长 1~2 人。

（2）教师讲解多效蒸发正常停车操作规程，之后各组学员分组讨论 5~10 min，由组长安排组员负责操作或监控流程中的各个设备、仪表及生产记录表填写。

（3）教师启动教师站程序，根据学员组数添加相应数量新培训室，设置培训策略为自由练习、权限为联合操作授权，开放这些新培训室。

（4）各组学员启动"氧化铝生产工艺仿真系统"，选择"工艺软件"，选择"局域网模式"，进行网络登录，按照所在组别进入教师设置的相应培训室中。

（5）各组学员按要求选择培训参数。

（6）每个学员按照自己接受的任务，按表 6-5 所列冷态开车操作步骤进行操作，组长负责协调小组中各个成员的行动，并按要求填写生产记录表。

表 6-5　多效蒸发正常停车操作步骤及评分标准

工 序	序 号	操 作 步 骤	评 分
F601A 停车	1	将控制器 LIC604 设定为手动	10
	2	设定 LIC604 的 OP 值为 0	10
	3	关闭 LV604 前截止阀	10
	4	关闭 LV604 后截止阀	10
	5	打开卸液阀	10
	6	调整 VA612 开度，使 F601D 中液位保持一定高度	10
	7	将控制器 FIC602 设定为手动	10
	8	关闭 FV602，停热物流进料	10
	9	关闭 FV602 前截止阀	10
	10	关闭 FV602 后截止阀	10
	11	将控制器 FIC601 设定为手动	10
	12	关闭 FV601，停冷物流进料	10
	13	关闭 FV601 前截止阀	10
	14	关闭 FV601 后截止阀	10

工　序	序　号	操作步骤	评　分
F601A 停车	15	全开排气阀 VA607	10
	16	同时将控制器 LIC601 设定为手动	10
	17	调整阀门 LV601 的开度,使 F601A 液位接近 0	10
	18	当 F601A 压力为 1atm 左右时,关闭阀 VA607	10
	19	关闭阀 LV601	10
	20	关闭 LV601 前截止阀	10
	21	关闭 LV601 后截止阀	10
	22	保持 F601A 压力为 1atm 左右	10
	23	F601A 温度为 25℃左右	10
F601B 停车	24	调节阀门 VA608 开度,当 F601B 压力为 1atm 左右时,关闭阀 VA608	10
	25	同时将控制器 LIC602 设定为手动	10
	26	调整阀门 LV602 的开度,使 F601B 液位接近 0	10
	27	关闭阀 LV602	10
	28	关闭 LV602 前截止阀	10
	29	关闭 LV602 后截止阀	10
	30	保持 F601B 压力为 1atm 左右	10
	31	F601B 温度为 25℃左右	10
F601C 停车	32	调节阀门 VA609 开度,当 F601C 压力为 1atm 左右时,关闭阀 VA609	10
	33	将控制器 LIC603 设定为手动	10
	34	调整阀门 LV603 的开度,使 F601C 液位为 0	10
	35	关闭阀 LV603	10
	36	关闭 LV603 前截止阀	10
	37	关闭 LV603 后截止阀	10
	38	保持 F601C 压力为 1.05×10^5 Pa 左右	10
	39	F601C 温度为 25℃左右	10
F601D 停车	40	逐渐开大 VA612 卸液	10
	41	F601D 液位为 0	10
	42	关闭 VA612	10
	43	关闭 VA610	10
	44	F601D 温度为 25℃左右	10
停真空泵	45	关闭真空泵阀	10
停冷却水	46	关冷却水阀	10
	47	关闭冷凝水阀 VA619	10
关疏水阀	48	关闭 VA615	10
	49	关闭 VA616	10
	50	关闭 VA617	10
	51	关闭 VA618	10

（7）完成全部实训任务后，退出仿真实训软件，关闭计算机。

（8）各小组生产记录表由组长签字后交指导教师。

6.3.4 冷物流进料调节阀卡事故处置

6.3.4.1 实训目的

（1）进一步熟练掌握通用 DCS 的操作。

（2）熟悉多效蒸发工艺流程，维护各工艺参数稳定。

（3）熟练进行生产记录表的填写。

（4）学习蒸发器技能要求、真空泵操作规程、母液蒸发巡回检查工作。

（5）学会在生产巡检中及时发现生产事故，判断事故原因，按正确操作规程处理事故的能力。

6.3.4.2 培训模式

培训模式为局域网模式。

6.3.4.3 培训参数选择

（1）培训工艺：多效蒸发。

（2）培训项目：冷物流进料调节阀卡。

（3）DCS 风格：通用 DCS。

6.3.4.4 培训时间

培训时间为 30~45 min。

6.3.4.5 实训步骤

（1）教师启动教师站程序，首先添加"事故处置"授权，在授权中取消"查看评分"项目，这样学员将不能在学员站上查看操作质量评分系统，之后添加一个新培训室，设置培训策略为自由练习、权限为事故处置授权，开放此新培训室。

（2）学员启动"氧化铝生产工艺仿真系统"，选择"工艺软件"，选择"局域网模式"，进行网络登录，进入教师设置的新培训室中。

（3）按要求选择培训参数。

（4）打开"多效蒸发知识点"窗口，学习"蒸发器技能要求"、"真空泵操作规程"、"母液蒸发巡回检查工作"。

（5）切换"多效蒸发 DCS"和"多效蒸发现场"两个界面，观察各个生产设备、阀门、仪表的状态，填写生产记录表，按物料流动的方向，每 5 min 记录一次各仪表的显示值、各阀门的开度值。

（6）学员发现事故，应及时做出判断，小组成员可进行讨论，制定处置方案，并进行事故处置，使生产工艺参数稳定在表 6-3 所列的正常工况值；同时填写事故处理栏相应内容（时间、设备名称、现象、处理程序、处理结果等）。

操作提示：打开旁路阀 VA601，保持进料量至正常值。

（7）教师机将根据学员对事故的处置情况进行自动评分。

（8）完成全部实训任务后，退出仿真实训软件，关闭计算机；

（9）各小组生产记录表由组长签字后交指导教师。

6.3.5 F601A 液位超高事故处置

6.3.5.1 实训目的

（1）进一步熟练掌握通用 DCS 的操作。

（2）熟悉多效蒸发工艺流程,维护各工艺参数稳定。

（3）熟练进行生产记录表的填写。

（4）学习蒸发器技能要求、真空泵操作规程、母液蒸发巡回检查工作。

（5）学会在生产巡检中及时发现生产事故,判断事故原因,按正确操作规程处理事故的能力。

6.3.5.2　培训模式

培训模式为局域网模式。

6.3.5.3　培训参数选择

（1）培训工艺:多效蒸发。

（2）培训项目:F601A 液位超高。

（3）DCS 风格:通用 DCS。

6.3.5.4　培训时间

培训时间为 30~45 min。

6.3.5.5　实训步骤

（1）教师启动教师站程序,首先添加"事故处置"授权,在授权中取消"查看评分"项目,这样学员将不能在学员站上查看操作质量评分系统,之后添加一个新培训室,设置培训策略为自由练习、权限为事故处置授权,开放此新培训室。

（2）学员启动"氧化铝生产工艺仿真系统",选择"工艺软件",选择"局域网模式",进行网络登录,进入教师设置的新培训室中。

（3）按要求选择培训参数。

（4）打开"多效蒸发知识点"窗口,学习"蒸发器技能要求"、"真空泵操作规程"、"母液蒸发巡回检查工作"。

（5）切换"多效蒸发 DCS"和"多效蒸发现场"两个界面,观察各个生产设备、阀门、仪表的状态,填写生产记录表,按物料流动的方向,每 5 min 记录一次各仪表的显示值、各阀门的开度值。

（6）学员发现事故,应及时做出判断,小组成员可进行讨论,制定处置方案,并进行事故处置,使生产工艺参数稳定在表 6-3 所列的正常工况值;同时填写事故处理栏相应内容(时间、设备名称、现象、处理程序、处理结果等)。

操作提示:调整 LV601 开度,使 F601A 液位稳定在 50%。

（7）教师机将根据学员对事故的处置情况进行自动评分。

（8）完成全部实训任务后,退出仿真实训软件,关闭计算机。

（9）各小组生产记录表由组长签字后交指导教师。

6.3.6　真空泵 A 故障事故处置

6.3.6.1　实训目的

（1）进一步熟练掌握通用 DCS 的操作。

（2）熟悉多效蒸发工艺流程,维护各工艺参数稳定。

（3）熟练进行生产记录表的填写。

（4）学习蒸发器技能要求、真空泵操作规程、母液蒸发巡回检查工作。

（5）学会在生产巡检中及时发现生产事故,判断事故原因,按正确操作规程处理事故的能力。

6.3.6.2 培训模式

培训模式为局域网模式。

6.3.6.3 培训参数选择

（1）培训工艺：多效蒸发。

（2）培训项目：真空泵 A 故障。

（3）DCS 风格：通用 DCS。

6.3.6.4 培训时间

培训时间为 30~45 min。

6.3.6.5 实训步骤

（1）教师启动教师站程序，首先添加"事故处置"授权，在授权中取消"查看评分"项目，这样学员将不能在学员站上查看操作质量评分系统，之后添加一个新培训室，设置培训策略为自由练习、权限为事故处置授权，开放此新培训室。

（2）学员启动"氧化铝生产工艺仿真系统"，选择"工艺软件"，选择"局域网模式"，进行网络登录，进入教师设置的新培训室中。

（3）按要求选择培训参数。

（4）打开"多效蒸发知识点"窗口，学习"蒸发器技能要求"、"真空泵操作规程"、"母液蒸发巡回检查工作"。

（5）切换"多效蒸发 DCS"和"多效蒸发现场"两个界面，观察各个生产设备、阀门、仪表的状态，填写生产记录表，按物料流动的方向，每 5 min 记录一次各仪表的显示值，各阀门的开度值。

（6）学员发现事故，应及时做出判断，小组成员可进行讨论，制定处置方案，并进行事故处置，使生产工艺参数稳定在表 6-3 所列的正常工况值；同时填写事故处理栏相应内容（时间、设备名称、现象、处理程序、处理结果等）。

操作提示：启动备用真空泵 B。

（7）教师机将根据学员对事故的处置情况进行自动评分。

（8）完成全部实训任务后，退出仿真实训软件，关闭计算机。

（9）各小组生产记录表由组长签字后交指导教师。

7 苏打苛化仿真实训

7.1 苏打苛化生产简述

在拜耳法生产氧化铝时,循环母液中的苛性碱每循环一次大约有 3% 左右被反苛化为碳酸碱,这些碳酸碱在蒸发过程中以一水碳酸钠形式结晶析出,从而造成苛性碱损耗。为了减少苛性碱消耗,单独的拜耳法生产氧化铝厂需要将析出的碳酸钠进行苛化处理,以回收苛性碱。

拜耳法的一水碳酸钠的苛化,是采用石灰苛化法,即将一水碳酸钠溶解,然后加入石灰乳进行苛化,其苛化反应:

$$Na_2CO_3 + Ca(OH)_2 \Longleftrightarrow 2NaOH + CaCO_3 \downarrow$$

Na_2CO_3 转变为 NaOH 的转化率(即苛化率),要求越高越好。碳酸钙溶解度较小,形成沉淀,过滤除去,滤液回收再利用,补充到循环母液中。

通常用苛化率来评价碳酸钠苛化的程度,即碳酸钠转变为氢氧化钠的转化率称为苛化率,其表达式为:

$$\mu = \frac{N_{c前} - N_{c后}}{N_{c前}} \times 100\%$$

式中 μ——溶液苛化率,%;

$N_{c前}$——溶液苛化前 Na_2O_c 的浓度,g/L;

$N_{c后}$——溶液苛化后 Na_2O_c 的浓度,g/L。

$Ca(OH)_2$ 溶解度随着苛化过程的进行,溶液中 OH^- 浓度的增加而降低,所以,$Ca(OH)_2$ 在苛化后溶液中很少,若忽略不计,苛化率可表达为:

$$\mu = \frac{x}{2C} \times 100\%$$

式中 x——溶液苛化后 NaOH 的浓度,mol/L;

C——溶液苛化前 Na_2CO_3 的浓度,mol/L。

7.2 苏打苛化仿真工艺流程简述

本仿真培训系统以苏打苛化(间歇反应)的工艺作为仿真对象。

仿真范围内主要设备为沉降槽、苛化槽、离心泵、简单罐和阀门等。

苛化流程为:来自多效蒸发工段的循环母液经泵 P501A、阀 FV501 输入沉降槽 V501,循环母液中的轻组分 NaOH 液从上部的溢流口排入到溢流槽 C501 中,溢流槽 C501 的液位是通过液位控制阀 LV502 来调节的。质量重、密度大的一水碳酸钠从 V501 下部排出。在间歇反应釜 R501/R502 通入一水碳酸钠之前,先通入水,用于溶解一水碳酸钠,通入水的质量以占反应釜体积的 30% 左右为准。然后按照一定的配料比例分别向 R501 中通入一水碳酸钠和石灰,使其进行反应。苛化浆液去 V502 进行沉降分离,溢流液送蒸发器蒸浓,使其浓度满足生产要求。图 7-1 为苏打苛化流程仿真工艺图。

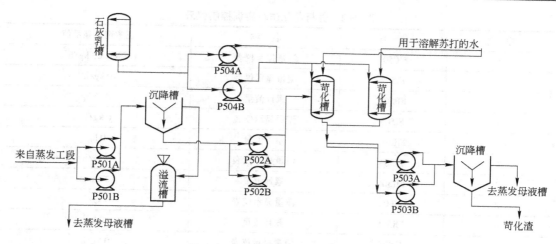

图 7-1 苏打苛化流程仿真工艺图

7.2.1 主要设备

苏打苛化仿真工艺实训设备如表 7-1 所示。

表 7-1 苏打苛化仿真实训设备

序 号	位 号	名 称	序 号	位 号	名 称
1	V501	沉降槽	15	VA502	截止阀
2	V502	沉降槽	16	VA503	截止阀
3	R501	间歇反应釜	17	VA504	截止阀
4	R502	间歇反应釜	18	VA505	截止阀
5	C501	溢流槽	19	VA506	截止阀
6	C502	石灰乳槽	20	VA507	截止阀
7	C503	石灰乳槽	21	VA508	截止阀
8	P501A/B	输液泵	22	VA509	截止阀
9	P502A/B	输液泵	23	VA510	截止阀
10	P503A/B	输液泵	24	VA511	截止阀
11	P504A/B	输液泵	25	VB501	球 阀
12	FV501	流量控制阀	26	VB502	球 阀
13	LV502	液位控制阀	27	VB503	球 阀
14	VA501	截止阀	28	VB504	球 阀

7.2.2 控制仪表说明

苏打苛化仿真实训控制仪表如表 7-2 所示。

表 7-2　苏打苛化仿真实训控制仪表

序　号	位　号	名　称	正常情况显示值
1	FIC501	流量控制仪表	8906. 63 kg/h
2	FI502	流量显示仪表	0 kg/h
3	FR502	累计流量	56. 5 kg
4	FI503	流量显示仪表	0 kg/h
5	FR503	累计流量	0 kg
6	FI504	流量显示仪表	0 kg/h
7	FR504	累计流量	127. 8 kg
8	FI505	流量显示仪表	0 kg/h
9	FR505	累计流量	0 kg
10	FI506	流量显示仪表	0 kg/h
11	FR506	累计流量	103. 9 kg
12	FI507	流量显示仪表	0 kg/h
13	FR507	累计流量	0 kg
14	LI501	液位控制仪表	50%
15	LIC502	液位控制仪表	50%
16	TI501	温度显示仪表	85℃
17	TI502	温度显示仪表	95℃
18	TI503	温度显示仪表	0℃

7.3　苏打苛化仿真实训项目

7.3.1　苏打苛化正常工况巡检

7.3.1.1　实训目的

(1) 进一步熟练掌握 TDC3000DCS 的操作。

(2) 熟悉多效蒸发工艺流程,维护各工艺参数稳定。

(3) 熟练进行生产记录表的填写。

(4) 学习离心泵技能要求、沉降槽技能要求。

(5) 学会在生产巡检中及时发现生产事故,判断事故原因,按正确操作规程处理事故的能力。

7.3.1.2　培训模式

培训模式为局域网模式。

7.3.1.3　培训参数选择

(1) 培训工艺:苏打苛化。

(2) 培训项目:正常工况。

(3) DCS 风格:TDC3000。

7.3.1.4　培训时间

培训时间为 30~45 min。

7.3.1.5 实训步骤

（1）教师启动教师站程序，添加一个新培训室，设置培训策略为自由练习、权限为自由培训授权，开放此新培训室。

（2）学员启动"氧化铝生产工艺仿真系统"，选择"工艺软件"，选择"局域网模式"，进行网络登录，进入教师设置的新培训室中。

（3）按要求选择培训参数。

（4）打开"知识点"窗口，学习"离心泵技能要求"、"沉降槽技能要求"。

（5）切换"苏打苛化 DCS"和"苏打苛化现场"两个界面，观察各个生产设备、阀门、仪表的状态，填写生产记录表，按物料流动的方向，每 5 min 记录一次各仪表的显示值、各阀门的开度值。

（6）教师在教师站对学员随机下发阀门事故、机泵事故等常见事故，观察学员处置事故的情况，并加以指导。

（7）学员发现事故，应及时做出判断，并进行事故处置，使生产工艺参数稳定在表 7-3 所列的正常工况值；同时填写事故处理栏相应内容（时间、设备名称、现象、处理程序、处理结果等）。

表 7-3 苏打苛化仿真工艺正常工况值

控 制 参 数	测量、控制仪表	正常工况值
循环母液的进料量	FI501	8906.63 kg/h
沉降槽 V501 的温度	TI501	85℃
沉降槽 V501 的液位	LI501	50%
溢流槽 C501 的液位	LIC502	50%
间歇釜 R501 水量	FR504	127.8 kg
间歇釜 R501 一水碳酸钠量	FR502	56.5 kg
间歇釜 R501 石灰量	FR506	103.9 kg
间歇釜 R501 温度	TI502	95℃
间歇釜 R501 苛化率		100%

（8）完成全部实训任务后，退出仿真实训软件，关闭计算机。

（9）将生产记录表交组长签字后交指导教师。

7.3.2 苏打苛化冷态开车

7.3.2.1 实训目的

（1）进一步熟练掌握 TDC3000DCS 的操作。

（2）熟悉多效蒸发工艺流程，维护各工艺参数稳定。

（3）熟练进行生产记录表的填写。

（4）学习离心泵技能要求、沉降槽技能要求。

（5）通过团队配合完成生产任务，培养学员团队合作的精神。

7.3.2.2 培训模式

培训模式为局域网模式。

7.3.2.3 培训参数选择

（1）培训工艺：苏打苛化。

（2）培训项目：冷态开车。

（3）DCS 风格：TDC3000。

7.3.2.4　培训时间

培训时间为 60~90 min。

7.3.2.5　实训步骤

（1）对培训学员进行分组，视学员人数取 5~10 人一组。每组设置组长 1~2 人。

（2）教师讲解多效蒸发冷态开车操作规程，之后各组学员分组讨论 5~10 min，由组长安排组员负责操作或监控流程中的各个设备、仪表及生产记录表填写。

（3）教师启动教师站程序，根据学员组数添加相应数量新培训室，设置培训策略为自由练习、权限为联合操作授权，开放这些新培训室。

（4）各组学员启动"氧化铝生产工艺仿真系统"，选择"工艺软件"，选择"局域网模式"，进行网络登录，按照所在组别进入教师设置的相应培训室中。

（5）各组学员按要求选择培训参数。

（6）每个学员按照自己接受的任务，按表 7-4 所列冷态开车操作步骤进行操作，组长负责协调小组中各个成员的行动，并按要求填写生产记录表。

表 7-4　苏打苛化冷态开车操作步骤及评分标准

工序	序号	操 作 步 骤	评分
沉降分离	1	开泵 P501A	10
	2	打开进料阀 FV501 的前截止阀 VB501	10
	3	打开进料阀 FV501 的后截止阀 VB502	10
	4	开进料阀 FV501	10
	5	当进料量接近 8906.63 kg/h 时，投自动，将 FIC501 的 SP 值设为 8906.63 kg/h	10
	6	当沉降槽 V501 有溢流，溢流槽 C501 液位逐渐增加到 50% 左右时，开液位控制阀 LV502 的前截止阀 VB503	10
	7	开液位控制阀 LV502 的后截止阀 VB504	10
	8	开液位调节阀 LV502	10
	9	当液位接近 50% 时，将 LIC502 投自动	10
	10	将 LIC502 的 SP 值设为 50%	10
苛化	11	打开 VA510，向苛化槽 R501 加入用于溶解苏打的水	10
	12	打开 VA509，向苛化槽 R502 加入用于溶解苏打的水	10
	13	当 R501 液位接近 30% 时，关闭 VA510	10
	14	当 R502 液位接近 30% 时，关闭 VA509	10
	15	打开沉降槽 V501 底流泵 P502A	10
	16	开 VA503，向 R501 中加入碳酸钠	10
	17	当 R501（碳酸钠加入量/水加入量）约 0.439 时，关闭 VA503	10
	18	R501 中（碳酸钠加入量/水加入量）比值	30
	19	开 VA504，向苛化槽 R502 中加入碳酸钠	10
	20	当 R502（碳酸钠加入量/水加入量）约 0.439 时，关闭 VA504	10
	21	R502 中（碳酸钠加入量/水加入量）比值	30
	22	开 VA507	10

工序	序号	操 作 步 骤	评分
苛化	23	开石灰输送泵 P504A	10
	24	开 VB506,向 R501 中加入石灰	10
	25	当 R501(石灰加入量/碳酸钠加入量)约 1.83 时,关闭 VB506	10
	26	关闭泵 P504A	10
	27	关闭 VA507	10
	28	R501 中(石灰加入量/碳酸钠加入量)比值	30
	29	当 R501 碳酸钠苛化率达到 100% 左右时,开 R501 底流阀 VA505	10
	30	开 P503A,苛化浆液去苛化澄清槽 V502	10
	31	当 R501 液位降为 0 时,关闭 VA505	10
	32	停泵 P503A	10
	33	开 VA508	10
	34	开石灰输送泵 P504A	10
	35	开 VB505,向 R502 中加入石灰	10
	36	当 R502(石灰加入量/碳酸钠加入量)约 1.83 时,关闭 VB505	10
	37	关闭泵 P504A	10
	38	关闭 VA508	10
	39	R502 中(石灰加入量/碳酸钠加入量)比值	30
	40	当 R502 碳酸钠苛化率达到 100% 左右时,开 R502 底流阀 VA506	10
	41	开 P503A,苛化浆液去苛化澄清槽 V502	10
	42	当 R502 液位降为 0 时,关闭 VA506	10
	43	停泵 P503A	10
技能要求学习	44	离心泵技能要求	30
	45	沉降槽技能要求	30

(7) 完成全部实训任务后,退出仿真实训软件,关闭计算机。

(8) 将生产记录表交组长签字后交指导教师。

7.3.3 苏打苛化正常停车

7.3.3.1 实训目的

(1) 进一步熟练掌握 TDC3000DCS 的操作。

(2) 熟悉多效蒸发工艺流程,维护各工艺参数稳定。

(3) 熟练进行生产记录表的填写。

(4) 学习离心泵技能要求、沉降槽技能要求。

(5) 通过团队配合完成生产任务,培养学员团队合作的精神。

7.3.3.2 培训模式

培训模式为局域网模式。

7.3.3.3 培训参数选择

(1) 培训工艺:苏打苛化。

（2）培训项目：正常停车。

（3）DCS 风格：TDC3000。

7.3.3.4　培训时间

培训时间为 60～90 min。

7.3.3.5　实训步骤

（1）对培训学员进行分组，视学员人数取 5～10 人一组。每组设置组长 1~2 人。

（2）教师讲解多效蒸发冷态开车操作规程，之后各组学员分组讨论 5～10 min，由组长安排组员负责操作或监控流程中的各个设备、仪表及生产记录表填写。

（3）教师启动教师站程序，根据学员组数添加相应数量新培训室，设置培训策略为自由练习、权限为联合操作授权，开放这些新培训室。

（4）各组学员启动"氧化铝生产工艺仿真系统"，选择"工艺软件"，选择"局域网模式"，进行网络登录，按照所在组别进入教师设置的相应培训室中。

（5）各组学员按要求选择培训参数。

（6）每个学员按照自己接受的任务，按表 7-5 所列冷态开车操作步骤进行操作，组长负责协调小组中各个成员的行动，并按要求填写生产记录表。

表 7-5　苏打苛化正常停车操作步骤及评分标准

序　号	操 作 步 骤	评　分
1	开苛化槽 R501 底部阀门 VA505	10
2	开泵 P503A，苛化浆液去槽 V502 沉降分离	10
3	当 R501 内液位降至 0 左右时，关闭阀门 VA505	10
4	停泵 P503A	10
5	关闭进料泵 P501A	10
6	将进料阀 FV501 调至手动	10
7	关闭进料阀 FV501	10
8	关进料阀 FV501 的前截止阀 VB501	10
9	关进料阀 FV501 的后截止阀 VB502	10
10	将溢流槽 C501 的液位控制阀 LIC502 调至手动	10
11	逐渐开大 LV502 至 C501 液位降为 0	10
12	当 C501 液位接近 0 时，关闭 C501 液位控制阀 LV502	10
13	关闭 LV502 的前截止阀 VB503	10
14	关闭 LV502 的后截止阀 VB504	10
15	开 VA511，沉降分离槽 V501 排料	10
16	当 V501 排净料后，关闭 VA511	10

（7）完成全部实训任务后，退出仿真实训软件，关闭计算机。

（8）将生产记录表交组长签字后交指导教师。

7.3.4　进料调节阀卡事故处置

7.3.4.1　实训目的

（1）进一步熟练掌握 TDC3000 DCS 的操作。

（2）熟悉苏打苛化工艺流程，维护各工艺参数稳定。

（3）熟练进行生产记录表的填写。

（4）学习离心泵技能要求、沉降槽技能要求。

（5）学会在生产巡检中及时发现生产事故，判断事故原因，按正确操作规程处理事故的能力。

7.3.4.2　培训模式

培训模式为局域网模式。

7.3.4.3　培训参数选择

（1）培训工艺：苏打苛化。

（2）培训项目：进料调节阀卡。

（3）DCS 风格：TDC3000。

7.3.4.4　培训时间

培训时间为 30~45 min。

7.3.4.5　实训步骤

（1）教师启动教师站程序，首先添加"事故处置"授权，在授权中取消"查看评分"项目，这样学员将不能在学员站上查看操作质量评分系统，之后添加一个新培训室，设置培训策略为自由练习、权限为事故处置授权，开放此新培训室。

（2）学员启动"氧化铝生产工艺仿真系统"，选择"工艺软件"，选择"局域网模式"，进行网络登录，进入教师设置的新培训室中。

（3）按要求选择培训参数。

（4）打开"知识点"窗口，学习"离心泵技能要求"、"沉降槽技能要求"。

（5）切换"苏打苛化 DCS"和"苏打苛化现场"两个界面，观察各个生产设备、阀门、仪表的状态，填写生产记录表，按物料流动的方向，每 5 min 记录一次各仪表的显示值，各阀门的开度值。

（6）学员发现事故，应及时做出判断，小组成员可进行讨论，制定处置方案，并进行事故处置，使生产工艺参数稳定在表 7-3 所列的正常工况值；同时填写事故处理栏相应内容（时间、设备名称、现象、处理程序、处理结果等）。

操作提示：打开旁路阀 VA501，保持进料量至正常值。

（7）教师机将根据学员对事故的处置情况进行自动评分。

（8）完成全部实训任务后，退出仿真实训软件，关闭计算机。

（9）各小组生产记录表由组长签字后交指导教师。

7.3.5　泵 P501A 故障事故处置

7.3.5.1　实训目的

（1）进一步熟练掌握 TDC3000 DCS 的操作。

（2）熟悉苏打苛化工艺流程，维护各工艺参数稳定。

（3）熟练进行生产记录表的填写。

（4）学习离心泵技能要求、沉降槽技能要求。

（5）学会在生产巡检中及时发现生产事故，判断事故原因，按正确操作规程处理事故的能力。

7.3.5.2 培训模式

培训模式为局域网模式。

7.3.5.3 培训参数选择

(1) 培训工艺:苏打苛化。

(2) 培训项目:泵 P501A 故障。

(3) DCS 风格:TDC3000。

7.3.5.4 培训时间

培训时间为 30~45 min。

7.3.5.5 实训步骤

(1) 教师启动教师站程序,首先添加"事故处置"授权,在授权中取消"查看评分"项目,这样学员将不能在学员站上查看操作质量评分系统,之后添加一个新培训室,设置培训策略为自由练习、权限为事故处置授权,开放此新培训室。

(2) 学员启动"氧化铝生产工艺仿真系统",选择"工艺软件",选择"局域网模式",进行网络登录,进入教师设置的新培训室中。

(3) 按要求选择培训参数。

(4) 打开"知识点"窗口,学习"离心泵技能要求"、"沉降槽技能要求"。

(5) 切换"苏打苛化 DCS"和"苏打苛化现场"两个界面,观察各个生产设备、阀门、仪表的状态,填写生产记录表,按物料流动的方向,每 5 min 记录一次各仪表的显示值,各阀门的开度值。

(6) 学员发现事故,应及时做出判断,小组成员可进行讨论,制定处置方案,并进行事故处置,使生产工艺参数稳定在表 7-3 所列的正常工况值;同时填写事故处理栏相应内容(时间、设备名称、现象、处理程序、处理结果等)。

操作提示:启动备用泵 P501B。

(7) 教师机将根据学员对事故的处置情况进行自动评分。

(8) 完成全部实训任务后,退出仿真实训软件,关闭计算机。

(9) 各小组生产记录表由组长签字后交指导教师。

8 氢氧化铝煅烧仿真实训

8.1 氢氧化铝煅烧生产简述

氢氧化铝煅烧是在高温下脱去氢氧化铝含有的附着水和结晶水,转变晶型,制取符合要求的氧化铝的工艺过程,这一过程是氧化铝生产的最后一道工序,决定了氧化铝的产量、质量和能量消耗。

8.1.1 氢氧化铝焙烧原理及流程

工业生产中经过过滤的湿氢氧化铝是三水铝石($Al_2O_3 \cdot 3H_2O$),并带有 10%~15% 的附着水。在焙烧过程中随着温度的提高,湿的氢氧化铝会发生脱水和晶型转变等一系列复杂变化,最终由三水铝石变为 $\gamma\text{-}Al_2O_3$ 和 $\alpha\text{-}Al_2O_3$。

8.1.1.1 附着水的脱除

湿氢氧化铝的附着水,在 110~120℃ 时,附着水就会被蒸发掉。

8.1.1.2 结晶水的脱除

氢氧化铝烘干后其结晶水的脱除是分阶段进行的。

当加热到 250~450℃ 时,氢氧化铝脱掉两个结晶水,成为一水软铝石:

$$Al_2O_3 \cdot 3H_2O \longrightarrow Al_2O_3 \cdot H_2O + 2H_2O(气)$$

继续提高到 500℃ 时,再脱掉一个结晶水,生成 $\gamma\text{-}Al_2O_3$:

$$Al_2O_3 \cdot H_2O \longrightarrow \gamma\text{-}Al_2O_3 + H_2O(气)$$

8.1.1.3 氧化铝的晶型转变

脱水后生成的 $\gamma\text{-}Al_2O_3$ 结晶不完善,具有很强的吸水性,不能满足电解铝生产要求。需要对其进行进一步的晶型转变,转变为 $\alpha\text{-}Al_2O_3$。随着温度提高到 900℃ 以上时,$\gamma\text{-}Al_2O_3$ 开始变成 $\alpha\text{-}Al_2O_3$。若在 1200℃ 下焙烧 4 h,就可以全部变成 $\alpha\text{-}Al_2O_3$。此时生成的 $\alpha\text{-}Al_2O_3$ 晶格紧密,密度大,硬度高,但化学活性小,在冰晶石熔体中的溶解度小。

8.1.2 煅烧过程对氧化铝质量的影响

8.1.2.1 温度的影响

温度越高,氧化铝中的灼减(结晶水)含量越少,$\alpha\text{-}Al_2O_3$ 越多。

在正常焙烧温度下,氧化铝产品的粒度不受影响,主要由氢氧化铝的粒度决定。

8.1.2.2 矿化剂的影响

在焙烧氢氧化铝时,加入少量矿化剂能加速 Al_2O_3 的晶型转变过程,可以降低焙烧温度,缩短焙烧时间,从而提高设备的产能,降低能耗。

工业上添加的矿化剂有氟化铝(AlF_3)和氟化钙(CaF_2)等。添加矿化剂焙烧能得到 $\alpha\text{-}Al_2O_3$ 含量高的氧化铝,黏附性好,易成团,结晶表面不平,晶粒较粗,流动性差,在电解质中溶解速度降低,所以矿化剂未被广泛采用,特别是生产砂状氧化铝的工厂,一般不采用矿化剂。

8.1.2.3　焙烧燃料的影响

焙烧燃料采用重油,带入氧化铝产品中的杂质少,所以氧化铝产品的纯度主要取决于氢氧化铝中间产品的纯度。

8.1.2.4　氢氧化铝晶体粒度和强度的影响

氢氧化铝产品的粒度和强度对氧化铝产品影响较大。粒度较粗,强度较大的氢氧化铝才能焙烧出粒度较粗的氧化铝;反之则不能。

8.2　氢氧化铝煅烧仿真工艺流程简述

本仿真系统以气态悬浮焙烧工艺作为仿真对象。仿真范围内的主要设备包括水平圆盘过滤机、文丘里闪速干燥器、旋风预热器、气态悬浮焙烧炉等,其仿真实训工艺流程如图 8-1 所示。

由晶种分解获得的成品浆液进入水平圆盘过滤机 K402,经热水洗涤后进入原料储罐 L401。L401 中的湿氢氧化铝由皮带机和螺旋给料机传送至文丘里闪速干燥器 A401,被温度约 350℃ 的废气干燥,干燥后的氢氧化铝失去附着水和结晶水并依次进入旋风预热器 P401 和 P402。由预热器 P401 出来的热气,经过电收尘后排向大气。预热后的氢氧化铝温度在 350℃ 左右,在重力的作用下进入煅烧炉 P404 进行煅烧。已经煅烧好的氧化铝和热风一同进入旋风分离器 P403。气固相分离后的氧化铝依次进入一次冷却器 C401~C404,冷却后的氧化铝进入二次冷却器 C405,被加热的空气进入煅烧炉充当燃料气。最终冷却后的氧化铝温度在 40℃ 左右,进入产品罐 L402 后包装出厂。

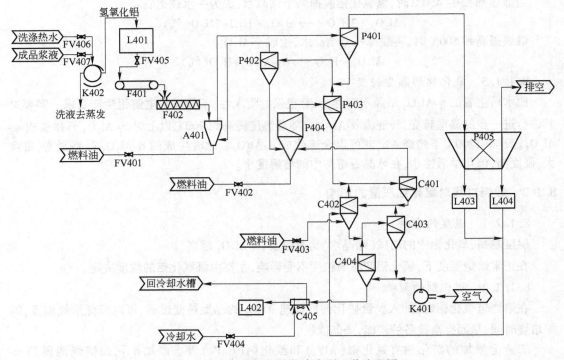

图 8-1　氢氧化铝煅烧仿真实训工艺流程图

8.2.1 主要设备

氢氧化铝煅烧仿真实训设备如表 8-1 所示。

表 8-1 氢氧化铝煅烧仿真实训设备表

序 号	位 号	名 称	序 号	位 号	名 称
1	K402	水平圆盘过滤机	18	FV401	流量控制阀
2	L401	料仓	19	FV402	流量控制阀
3	F401	皮带机	20	FV403	流量控制阀
4	F402	螺旋给料机	21	VA404	截止阀
5	A401	文丘里闪速干燥器	22	VA405	截止阀
6	P401	旋风预热器	23	VA406	截止阀
7	P402	旋风预热器	24	VA407	截止阀
8	P403	旋风分离器	25	VA401	截止阀
9	P404	气态悬浮焙烧炉	26	VA402	截止阀
10	C401	一次冷却器	27	VA403	截止阀
11	C402	一次冷却器	28	VB401	球阀
12	C403	一次冷却器	29	VB402	球阀
13	C404	一次冷却器	30	VB403	球阀
14	C405	二次冷却器	31	VB404	球阀
15	P405	电收尘	32	VB405	球阀
16	K401	风机	33	VB406	球阀
17	L402	产品罐			

8.2.2 控制仪表说明

氢氧化铝煅烧仿真实训控制仪表如表 8-2 所示。

表 8-2 氢氧化铝煅烧仿真实训控制仪表

序 号	位 号	名 称	正常情况显示值
1	FIC401	流量控制仪表	150 kg/h
2	FIC402	流量控制仪表	500 kg/h
3	FIC403	流量控制仪表	150 kg/h
4	FI404	流量显示仪表	5000 kg/h
5	FI405	流量显示仪表	1675.9 kg/h
6	FI406	流量显示仪表	1000 kg/h
7	FI407	流量显示仪表	1678.6 kg/h
8	FI408	流量显示仪表	996.2 kg/h
9	TI401	温度显示仪表	150℃
10	TI402	温度显示仪表	150℃

序　号	位　号	名　称	正常情况显示值
11	TI403	温度显示仪表	350℃
12	TI404	温度显示仪表	1000℃
13	TI405	温度显示仪表	1100℃
14	TI406	温度显示仪表	700℃
15	TI407	温度显示仪表	500℃
16	TI408	温度显示仪表	250℃
17	TI409	温度显示仪表	150℃
18	TI410	温度显示仪表	114℃
19	TI411	温度显示仪表	40℃
20	HI401	物料高度显示仪表	9.9 cm

8.3　氢氧化铝煅烧仿真实训项目

8.3.1　氢氧化铝煅烧正常工况巡检

8.3.1.1　实训目的

(1) 进一步熟练掌握 IA 系统 DCS 的操作。

(2) 熟悉焙烧工艺流程,维护各工艺参数稳定。

(3) 熟练进行生产记录表的填写。

(4) 学习煅烧炉操作技能要求、螺旋给料机操作技能要求、皮带传送机操作技能要求。

(5) 学会在生产巡检中及时发现生产事故,判断事故原因,按正确操作规程处理事故的能力。

8.3.1.2　培训模式

培训模式为局域网模式。

8.3.1.3　培训参数选择

(1) 培训工艺:氢氧化铝煅烧。

(2) 培训项目:正常工况。

(3) DCS 风格:IA 系统。

8.3.1.4　培训时间

培训时间为 30~45 min。

8.3.1.5　实训步骤

(1) 教师启动教师站程序,添加一个新培训室,设置培训策略为自由练习、权限为自由培训授权,开放此新培训室。

(2) 学员启动"氧化铝生产工艺仿真系统",选择"工艺软件",选择"局域网模式",进行网络登录,进入教师设置的新培训室中。

(3) 按要求选择培训参数。

(4) 打开"知识点"窗口,学习"煅烧炉操作技能要求"、"螺旋给料机操作技能要求"、"皮带传送机操作技能要求"。

(5) 切换"DCS"和"现场"两个界面,观察各个生产设备、阀门、仪表的状态,填写生产记录表,按物料流动的方向,每 5 min 记录一次各仪表的显示值,各阀门的开度值。

（6）教师在教师站对学员随机下发阀门事故、机泵事故等常见事故,观察学员处置事故的情况,并加以指导。

（7）学员发现事故,应及时做出判断,并进行事故处置,使生产工艺参数稳定在表8-3所列的正常工况值;同时填写事故处理栏相应内容(时间、设备名称、现象、处理程序、处理结果等)。

表8-3　氢氧化铝煅烧仿真工艺正常工况值

控制参数	测量、控制仪表	正常工况值
文丘里闪速干燥器温度	TI401	150℃
气态悬浮焙烧炉温度	TI405	1100℃
一次冷却器温度	TI407	500℃
FV401 燃油流量	FIC401	150 kg/h
FV402 燃油流量	FIC402	500 kg/h
FV403 燃油流量	FIC403	150 kg/h

（8）完成全部实训任务后,退出仿真实训软件,关闭计算机。

（9）将生产记录表交组长签字后交指导教师。

8.3.2　氢氧化铝煅烧冷态开车

8.3.2.1　实训目的

（1）进一步熟练掌握 IA 系统 DCS 的操作。

（2）熟悉焙烧工艺流程,维护各工艺参数稳定。

（3）熟练进行生产记录表的填写。

（4）学习煅烧炉操作技能要求、螺旋给料机操作技能要求、皮带传送机操作技能要求。

（5）学会在生产巡检中及时发现生产事故,判断事故原因,按正确操作规程处理事故的能力。

8.3.2.2　培训模式

培训模式为局域网模式。

8.3.2.3　培训参数选择

（1）培训工艺:氢氧化铝煅烧。

（2）培训项目:冷态开车。

（3）DCS 风格:IA 系统。

8.3.2.4　培训时间

培训时间为 30~45 min。

8.3.2.5　实训步骤

（1）对培训学员进行分组,视学员人数取 5~10 人一组。每组设置组长 1~2 人。

（2）各组学员分组讨论 5~10 min,结合氢氧化铝煅烧正常工况值制定冷态开车操作规程,并由组长安排组员负责操作或监控流程中的各个设备、仪表及生产记录表填写。

（3）教师启动教师站程序,根据学员组数添加相应数量新培训室,设置培训策略为自由练习、权限为联合操作授权(取消学员查看评分权限),开放这些新培训室。

（4）各组学员启动"氧化铝生产工艺仿真系统",选择"工艺软件",选择"局域网模式",进行网络登录,按照所在组别进入教师设置的相应培训室中。

（5）各组学员按要求选择培训参数。

（6）每个学员按照自己接受的任务，按小组讨论冷态开车操作步骤进行操作，组长负责协调小组中各个成员的行动，并按要求填写生产记录表。

（7）各小组完成开车作业后，指导教师公布小组操作成绩，并组织各小组讨论制定的操作规程是否合理，并再次组织小组进行实训操作，直到操作成绩满足教学要求。

操作步骤提示：

1）做好开车前准备工作；

2）进行预热及下料；

3）逐步调节至稳定；

4）学习操作技能要求。

（8）完成全部实训任务后，退出仿真实训软件，关闭计算机。

（9）将生产记录表交组长签字后交指导教师。

8.3.3　氢氧化铝煅烧正常停车

8.3.3.1　实训目的

（1）进一步熟练掌握 CS3000 DCS 的操作。

（2）熟悉焙烧工艺流程，维护各工艺参数稳定。

（3）熟练进行生产记录表的填写。

（4）学习煅烧炉操作技能要求、螺旋给料机操作技能要求、皮带传送机操作技能要求。

（5）学会在生产巡检中及时发现生产事故，判断事故原因，按正确操作规程处理事故的能力。

8.3.3.2　培训模式

培训模式为局域网模式。

8.3.3.3　培训参数选择

（1）培训工艺：氢氧化铝煅烧。

（2）培训项目：正常停车。

（3）DCS 风格：CS3000。

8.3.3.4　培训时间

培训时间为 30~45 min。

8.3.3.5　实训步骤

（1）对培训学员进行分组，视学员人数取 5~10 人一组。每组设置组长 1~2 人。

（2）各组学员分组讨论 5~10 min，制定停车操作规程，并由组长安排组员负责操作或监控流程中的各个设备、仪表及生产记录表填写。

（3）教师启动教师站程序，根据学员组数添加相应数量新培训室，设置培训策略为自由练习、权限为联合操作授权（取消学员查看评分权限），开放这些新培训室。

（4）各组学员启动"氧化铝生产工艺仿真系统"，选择"工艺软件"，选择"局域网模式"，进行网络登录，按照所在组别进入教师设置的相应培训室中。

（5）各组学员按要求选择培训参数。

（6）每个学员按照自己接受的任务，按小组讨论停车操作步骤进行操作，组长负责协调小组中各个成员的行动，并按要求填写生产记录表。

（7）各小组完成开车作业后，指导教师公布小组操作成绩，并组织各小组讨论制定的操作规程是否合理,并再次组织小组进行实训操作,直到操作成绩满足教学要求。

操作步骤提示:

设备停车顺序应与设备开车顺序相反。

(8)完成全部实训任务后,退出仿真实训软件,关闭计算机。

(9)将生产记录表交组长签字后交指导教师。

8.3.4 FV401 阀卡事故处置

8.3.4.1 实训目的

(1)进一步熟练掌握 CS3000 DCS 的操作。

(2)熟悉焙烧工艺流程,维护各工艺参数稳定。

(3)熟练进行生产记录表的填写。

(4)学习煅烧炉操作技能要求、螺旋给料机操作技能要求、皮带传送机操作技能要求。

(5)学会在生产巡检中及时发现生产事故,判断事故原因,按正确操作规程处理事故的能力。

8.3.4.2 培训模式

培训模式为局域网模式。

8.3.4.3 培训参数选择

(1)培训工艺:氢氧化铝煅烧。

(2)培训项目:FV401 阀卡。

(3)DCS 风格:CS3000。

8.3.4.4 培训时间

培训时间为 30~45 min。

8.3.4.5 实训步骤

(1)教师启动教师站程序,首先添加"事故处置"授权,在授权中取消"查看评分"项目,这样学员将不能在学员站上查看操作质量评分系统,之后添加一个新培训室,设置培训策略为自由练习、权限为事故处置授权,开放此新培训室。

(2)学员启动"氧化铝生产工艺仿真系统",选择"工艺软件",选择"局域网模式",进行网络登录,进入教师设置的新培训室中。

(3)按要求选择培训参数。

(4)切换"DCS"和"现场"两个界面,观察各个生产设备、阀门、仪表的状态,填写生产记录表,按物料流动的方向,每 5 min 记录一次各仪表的显示值,各阀门的开度值。

(5)学员发现事故,应及时做出判断,小组成员可进行讨论,制定处置方案,并进行事故处置,使生产工艺参数稳定在表 8-3 所列的正常工况值;同时填写事故处理栏相应内容(时间、设备名称、现象、处理程序、处理结果等)。

操作提示:关闭 FV401,开启旁路阀 VA401,调节进料量至正常值。

(6)教师机将根据学员对事故的处置情况进行自动评分。

(7)完成全部实训任务后,退出仿真实训软件,关闭计算机。

(8)各小组生产记录表由组长签字后交指导教师。

8.3.5 螺旋给料机故障事故处置

8.3.5.1 实训目的

(1)进一步熟练掌握 CS3000 DCS 的操作。

（2）熟悉焙烧工艺流程，维护各工艺参数稳定。

（3）熟练进行生产记录表的填写。

（4）学习煅烧炉操作技能要求、螺旋给料机操作技能要求、皮带传送机操作技能要求。

（5）学会在生产巡检中及时发现生产事故，判断事故原因，按正确操作规程处理事故的能力。

8.3.5.2　培训模式

培训模式为局域网模式。

8.3.5.3　培训参数选择

（1）培训工艺：氢氧化铝煅烧。

（2）培训项目：螺旋给料机故障。

（3）DCS 风格：CS3000。

8.3.5.4　培训时间

培训时间为 30~45 min。

8.3.5.5　实训步骤

（1）教师启动教师站程序，首先添加"事故处置"授权，在授权中取消"查看评分"项目，这样学员将不能在学员站上查看操作质量评分系统，之后添加一个新培训室，设置培训策略为自由练习、权限为事故处置授权，开放此新培训室。

（2）学员启动"氧化铝生产工艺仿真系统"，选择"工艺软件"，选择"局域网模式"，进行网络登录，进入教师设置的新培训室中。

（3）按要求选择培训参数。

（4）切换"DCS"和"现场"两个界面，观察各个生产设备、阀门、仪表的状态，填写生产记录表，按物料流动的方向，每 5 min 记录一次各仪表的显示值，各阀门的开度值。

（5）学员发现事故，应及时做出判断，小组成员可进行讨论，制定处置方案，并进行事故处置，使生产工艺参数稳定在表 8-3 所列的正常工况值；同时填写事故处理栏相应内容（时间、设备名称、现象、处理程序、处理结果等）。

操作提示：停车后进行维修。

（6）教师机将根据学员对事故的处置情况进行自动评分。

（7）完成全部实训任务后，退出仿真实训软件，关闭计算机。

（8）各小组生产记录表由组长签字后交指导教师。

8.3.6　风机坏事故处置

8.3.6.1　实训目的

（1）进一步熟练掌握 CS3000 DCS 的操作。

（2）熟悉焙烧工艺流程，维护各工艺参数稳定。

（3）熟练进行生产记录表的填写。

（4）学习煅烧炉操作技能要求、螺旋给料机操作技能要求、皮带传送机操作技能要求。

（5）学会在生产巡检中及时发现生产事故，判断事故原因，按正确操作规程处理事故的能力。

8.3.6.2　培训模式

培训模式为局域网模式。

8.3.6.3　培训参数选择

（1）培训工艺：氢氧化铝煅烧。

（2）培训项目：风机坏。

（3）DCS风格：CS3000。

8.3.6.4　培训时间

培训时间为 30~45 min。

8.3.6.5　实训步骤

（1）教师启动教师站程序，首先添加"事故处置"授权，在授权中取消"查看评分"项目，这样学员将不能在学员站上查看操作质量评分系统，之后添加一个新培训室，设置培训策略为自由练习、权限为事故处置授权，开放此新培训室。

（2）学员启动"氧化铝生产工艺仿真系统"，选择"工艺软件"，选择"局域网模式"，进行网络登录，进入教师设置的新培训室中。

（3）按要求选择培训参数。

（4）切换"DCS"和"现场"两个界面，观察各个生产设备、阀门、仪表的状态，填写生产记录表，按物料流动的方向，每5 min记录一次各仪表的显示值，各阀门的开度值。

（5）学员发现事故，应及时做出判断，小组成员可进行讨论，制定处置方案，并进行事故处置，使生产工艺参数稳定在表 8-3 所列的正常工况值；同时填写事故处理栏相应内容（时间、设备名称、现象、处理程序、处理结果等）。

操作提示：停车后进行维修。

（6）教师机将根据学员对事故的处置情况进行自动评分。

（7）完成全部实训任务后，退出仿真实训软件，关闭计算机。

（8）各小组生产记录表由组长签字后交指导教师。

9 附　录

氧化铝仿真实训生产记录表

组别：　　培训工艺：

工位：　　培训项目：

姓名：　　DCS 风格：

实训日期：　　培训模块：（单机、联网）

时间　设备/位号　记录值									

事故与处置

事故时间：　　设备/工位：

事故描述：（现象、原因分析）

处置记录：

组长签字：　　指导教师签字：

参 考 文 献

1　毕诗文．氧化铝生产工艺[M]．北京:化学工业出版社,2006.
2　王捷．氧化铝生产工艺[M]．北京:冶金工业出版社,2006.
3　陈聪．氧化铝生产设备[M]．北京:冶金工业出版社,2006.
4　赵刚．化工仿真实训指导[M]．北京:化学工业出版社,1999.

冶金工业出版社部分图书推荐

书 名	作 者	定价(元)
中国冶金百科全书·有色金属冶金	编委会	248.00
湿法冶金手册	陈家镛	298.00
湿法冶金原理	马荣骏	160.00
有色金属资源循环利用	邱定蕃	65.00
金属及矿产品深加工	戴永年	118.00
现代铝电解	刘业翔	178.00
常用有色金属资源开发与加工	董 英	88.00
冶金过程动力学导论	华一新	45.00
物理化学(第4版)	王淑兰	45.00
冶金物理化学	张家芸	49.00
冶金物理化学研究方法(第4版)	王常珍	69.00
冶金工程实验技术(第2版)	陈伟庆	79.00
冶金热工基础	朱光俊	49.00
传输原理(第2版)	朱光俊	55.00
冶金原理	韩明荣	35.00
热工测量仪表(第2版)	张 华	46.00
拜耳法生产氧化铝	毕诗文	36.00
氧化铝厂设计	符 岩	69.00
有色金属真空冶金(第2版)	戴永年	36.00
有色冶金化工过程原理及设备(第2版)	郭年祥	49.00
有色冶金炉(第2版)	周孑民	35.00
冶金设备(第2版)	朱 云	68.00
有色冶金工厂设计基础	蔡祺风	24.00
重金属冶金学	翟秀静	55.00
稀有金属冶金学	李洪桂	34.80
轻金属冶金学	杨重愚	39.80
冶金原理(第2版)	卢宇飞	45.00
铁合金生产工艺与设备(第2版)	刘 卫	45.00
稀土冶金技术(第2版)	石 富	39.00
氧化铝生产工艺	王 捷	28.00
氧化铝生产设备	陈 聪	45.00
电解铝生产工艺与设备	王 捷	35.00
氧化铝生产知识问答	付高峰	29.00
现代铝电解设计与智能化	梁学民	339.00